助农致富系列丛书

黄鳝、泥鳅高效养殖与疾病防治技术

骆小年 方 刘◎主编

HUANGSHAN、NIQIU GAOXIAO YANGZHI YU
JIBING FANGZHI JISHU

U0241625

中国纺织出版社有限公司

内 容 提 要

黄鳝、泥鳅是我国传统的名优水产品，是人类健康食品，它们的肉质细嫩、营养丰富，且具有药用价值，是淡水鱼中不可多得的佳品。本书结合多年来我国黄鳝、泥鳅的科研成果以及养殖经验，以生态养殖技术为主线，兼顾黄鳝、泥鳅的繁育、营养、防病全过程，对黄鳝、泥鳅高效养殖的现状，生态防病和病害诊治等技术措施进行了详细介绍，可为从事黄鳝、泥鳅养殖的生产人员、技术人员提供参考。

图书在版编目（CIP）数据

黄鳝、泥鳅高效养殖与疾病防治技术／骆小年，方刘主编. -- 北京：中国纺织出版社有限公司，2024.4
（助农致富系列丛书）
ISBN 978-7-5229-1369-8

Ⅰ.①黄…　Ⅱ.①骆…　②方…　Ⅲ.①黄鳝属—淡水养殖②泥鳅—淡水养殖③黄鳝属—动物疾病—防治④泥鳅—动物疾病—防治　Ⅳ.①S966.4②S947

中国国家版本馆 CIP 数据核字（2024）第 033802 号

责任编辑：毕仕林　罗晓莉　　责任校对：王蕙莹
责任印制：王艳丽

中国纺织出版社有限公司出版发行
地址：北京市朝阳区百子湾东里 A407 号楼　邮政编码：100124
销售电话：010—67004422　传真：010—87155801
http://www.c-textilep.com
中国纺织出版社天猫旗舰店
官方微博 http://weibo.com/2119887771
三河市宏盛印务有限公司印刷　各地新华书店经销
2024 年 4 月第 1 版第 1 次印刷
开本：880×1230　1/32　印张：6.25
字数：200 千字　定价：49.80 元

本书编委会

主　编：骆小年（大连海洋大学）
　　　　方　刘（长江大学）

参　编：段友健（大连海洋大学）
　　　　易提林（长江大学）
　　　　李　姣（大连海洋大学）

前　言

　　黄鳝、泥鳅是我国内陆水域的重要经济鱼类,资源量大,分布地域广。发展黄鳝、泥鳅的生态高效养殖是调整农业产业结构、农村致富、农民增收的重要举措,也是新时代乡村振兴的重要内容。2022 年,我国黄鳝养殖产量已突破 33 万吨,泥鳅养殖产量突破 37.5 万吨,成为全球最大的黄鳝和泥鳅生产国,其中综合产值分别超 100 亿元和 75 亿元。

　　目前黄鳝、泥鳅养殖产业存在的主要问题有:一是种质和苗种问题;二是疾病问题;三是养殖技术规范化问题;四是集约化养殖技术有待提高;五是饲料投喂不科学,配合饲料研制滞后问题。编者结合近年来的黄鳝、泥鳅养殖现状和取得的技术进步,总结多年黄鳝、泥鳅养殖的经验和市场变动规律,并吸收了同行在黄鳝、泥鳅养殖过程中取得的成功经验和失败教训,编撰了此书。

　　本书以黄鳝、泥鳅生态高效养殖技术为主线,围绕黄鳝、泥鳅养殖模式、繁育、高效养殖技术及病害防治技术,重点突出"怎么养"与"怎么防",内容科学系统,语言通俗易懂,技术指导性和实用性强,既可作为养殖专业户和广大农民在生产上的技术指导用书,也可作为基层养殖技术人员的自学用书。在本书写作过程中,长江大学研究生赵雪茹、舒玖、靳纪明、周泽湘,大连海洋大学研究生莫燕芳、本科生崔雨佳协助查阅收集材料,在此表示感谢! 另外,本书引用了同行专家、学者的研究成果,黄鳝、泥鳅养殖能手的经验和相关书刊资料,在此一并表示诚挚的感谢。由于时间仓促,加之编者自身水平有限,疏漏和不妥之处在所难免,恳请广大读者批评指正。

编者

2023 年 11 月

在解决病害问题时,执业兽医师可以根据实际情况确定最佳治疗方案。在生产实际中,所用药物学名、通用名和实际商品名称有差异,药物的剂型和规格也有所不同,建议读者在使用每一种药物前,参阅厂家提供的产品说明书以确定药物的用法、用量、用药时间、注意事项及休药期等。——出版者注

目　录

第一部分　黄鳝高效养殖与病害防治技术

第一章　我国黄鳝的养殖现状与产业前景 ·············· 3

　第一节　我国黄鳝养殖发展概况 ·············· 3

　第二节　我国黄鳝产业发展现状 ·············· 7

　第三节　我国黄鳝养殖中存在的主要问题 ·············· 9

　第四节　我国黄鳝产业的发展趋势 ·············· 12

第二章　黄鳝的生物学特征 ·············· 17

　第一节　黄鳝的形态特征与养殖品种 ·············· 17

　第二节　黄鳝的生活习性 ·············· 19

　第三节　黄鳝的食性 ·············· 25

　第四节　黄鳝的生长与繁殖 ·············· 26

第三章　黄鳝的繁殖 ·············· 31

　第一节　黄鳝的繁殖特性 ·············· 31

　第二节　黄鳝的自然繁殖 ·············· 35

　第三节　黄鳝的人工繁殖 ·············· 37

第四章　黄鳝的苗种培育 ·············· 45

　第一节　鳝苗的培育 ·············· 46

　第二节　鳝种的培育 ·············· 54

　第三节　鳝种的越冬 ·············· 57

第四节　冬季大棚网箱培育 ················ 58
第五节　雄化育苗技术 ···················· 59

第五章　黄鳝的高效养殖技术 ·············· 61
第一节　黄鳝养殖基本条件 ················ 61
第二节　黄鳝网箱养殖技术 ················ 65
第三节　黄鳝稻田养殖技术 ················ 70
第四节　黄鳝的池塘养殖 ·················· 74
第五节　黄鳝的大棚养殖 ·················· 78
第六节　池塘虾、鳝立体生态养殖技术 ······ 80
第七节　稻田虾、鳝养殖技术 ·············· 84
第八节　庭院养殖黄鳝的高效技术 ·········· 88

第六章　黄鳝的营养需求与饵料种类 ········ 91
第一节　黄鳝营养需求 ···················· 91
第二节　黄鳝饲料种类 ···················· 96
第三节　人工配合饲料的质量管理与评价 ····· 100

第七章　黄鳝的病害防治 ·················· 103
第一节　黄鳝病害发生的原因 ·············· 103
第二节　黄鳝病害的特点与检查 ············ 105
第三节　黄鳝病害的治疗方式 ·············· 107
第四节　常见的黄鳝病害种类 ·············· 108
第五节　黄鳝病害的预防 ·················· 117

第二部分　泥鳅高效养殖与病害防治技术

第八章　泥鳅的高效养殖技术 ·············· 123
第一节　泥鳅生物学特性 ·················· 123
第二节　泥鳅和大鳞副泥鳅人工繁殖技术 ····· 129

第三节　泥鳅土池塘鱼苗养成夏花 ·················· 137

第四节　泥鳅鱼种的培育(夏花养成 1 龄鱼种) ·········· 148

第五节　泥鳅成鱼养殖(春片养成商品鱼) ··············· 152

第六节　泥鳅的稻田生态养殖 ························· 154

第九章　泥鳅的病害防治 ·························· 159

第一节　泥鳅病害发生的原因 ························· 159

第二节　泥鳅的病害防治 ······························ 163

参考文献 ·· 183

视频二维码

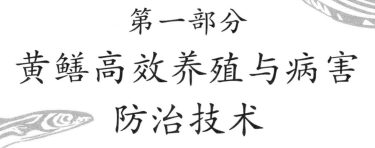

第一部分
黄鳝高效养殖与病害防治技术

第一章　我国黄鳝的养殖现状与产业前景

第一节　我国黄鳝养殖发展概况

黄鳝（*Monopterus albus*）又名鳝鱼、罗鱼、田鳝、长鱼、黄参、无鳞公子、田参等，隶属于脊椎动物门、硬骨鱼纲、辐鳍亚纲、合鳃目、合鳃科、黄鳝属，是一种底栖性鱼类，喜穴居，以肉食性为主，偏杂食性，较为贪食。黄鳝广泛分布于我国除青藏高原以外的各个水系，尤其以长江流域和珠江流域的野生资源最为丰富，长江流域的湖北、湖南、江苏等省份更是黄鳝野生资源的主产区，主要通过流通环节传播到全国各地。

黄鳝体形似蛇，前部略呈圆管状，向后渐侧扁，尾部尖细，全身无鳞，充满黏液，侧线比较完整且平直，侧线孔不明显。不同于其他鱼类的特点是，黄鳝不具有胸鳍和腹鳍，从幼鳝体上可看到呈褶状的背鳍和臀鳍。黄鳝的体色，按照地区环境的不同基本可以分为黄色、褐黄色、褐红色、青褐色和青黄色等，体表上方分布有黑色的斑点、斑纹，下方靠近腹部的颜色比较淡。黄鳝口大，口裂延伸至眼后，上颌较下颌突出，上下颌和口盖骨上都存在致密绒毛状的细齿。眼小，被透明皮质膜覆盖。鼻孔小，前鼻孔在吻端，后鼻孔在眼前沿偏上。鳃3对，退化比较严重，无鳃耙，不是呼吸的主要器官。

黄鳝无鳔，不能像其他鱼类一样栖息于任意水层，必须借助水草生活。直肠，肠长为体长的62%~67%，直通泄殖孔。无肌间刺，附肢的骨骼也极少残存，只有背部的一根脊椎骨。生殖系统具有"性逆转"的特性，但生殖腺只有一个，位于腹腔偏右侧，早期为卵

巢，达到性成熟经第一次产卵后慢慢退化，精巢开始发育。黄鳝的肾脏为中肾，分布在体内背部，紧紧地贴着脊椎骨。

黄鳝营底栖生活，在淡水水域的湖泊、沟渠和稻田中都可以生存，且喜栖息于池底腐殖质较多的淤泥中，池埂、堤边石缝和杂草也是黄鳝穴居的地方，适应能力比较强。黄鳝的洞穴较长，一般有2~5个洞口，白天时，黄鳝头部位于靠近水面的浅水处，以便呼吸空气和逃避敌害；晚上出穴活动，积极捕食。杨代勤等人通过对不同地方种群的野生鳝鱼的食性进行研究，发现稚鱼（全长<100mm）的食性是随着生长而变化的，稚鱼的前期主要以轮虫和枝角类为食，后期主要以水生寡毛类和摇蚊幼虫为食。由于全长基本已经稳定，所以幼鳝（全长在101~200mm）和成鳝（全长>200mm）的食性差不多一致，都是以摇蚊幼虫、水生寡毛类、水蚯蚓、昆虫幼虫、枝角类和桡足类等为食。通过解剖发现，肠道内的食物饵料种类和含量还存在季节性差异。另外，黄鳝是偏肉食性的杂食性动物，在食物匮乏的时候还存在相互残杀的现象，且其摄食方式多为吞食性，比较贪食，摄食后迅速回到洞中。

水温在15~30℃时，很适合黄鳝的生长，且22~28℃是其生长最适水温。当水温低于10℃时，黄鳝摄食活动减弱或者不摄食，进入冬眠状态；当水温高于28℃时，黄鳝食量也会降低，在天然环境下会钻入洞中躲避高温，而在人工养殖模式下，黄鳝在网箱或水泥池中无法打洞，会表现出极度不安，在水里狂游，时间长了就会死亡。

黄鳝生命力强，在我国大部分地区都有野生可利用的资源。在国际上，朝鲜、越南等地也有大量的黄鳝资源可供利用，当地更是将其作为一种水产经济品种进行生产。但近年来，除四川、湖南和湖北等省份尚有一部分野生黄鳝资源以外，其他很多地区的生态环境已经不适宜黄鳝生长了。由于市场上对于黄鳝资源的巨大需求，各产区开始对黄鳝进行大量捕捉，一些地区甚至发展到使用剧毒农药进行毁灭性捕捉，再加上大量地在农田里过度使用化肥农药，我国的黄鳝野生资源产量锐减，从20世纪60年代6kg/亩的年产量锐减到如今的不到 0.5kg/亩，人工养殖黄鳝变得越来越重要。黄鳝肉质细嫩，其肌肉中更是富含大量氨基酸和某些药用成分，味道鲜美，营养价值也比较高。其作为美味滋补保健的食品，备受国内外消费者的追捧，市场从未滞销过，具有极高的开发利用价值，在深加工和保健品开发上具有极大的发展潜力。

黄鳝是我国内陆水域的重要经济鱼类，资源量大，分布地域广，在我国淡水渔业的起源与发展上起着重要作用。20 世纪 80 年代前，黄鳝生产主要依靠自然捕捞。近年来，随着我国黄鳝人工繁殖技术取得突破，黄鳝的养殖规模不断扩大。湖北省仙桃市是我国最大的黄鳝养殖地区。2021 年，仙桃黄鳝养殖面积达 10 万亩，成鳝产量 6.3 万 t，占全国产量的 25% 以上，产业链综合产值超过 50 亿元，有着"中国黄鳝之都"的美誉。如今，黄鳝养殖生产已遍布珠江流域和长江中下游地区。华东市场是黄鳝消费量排名领先地区，其中以江、浙、沪的一些大中型城市消费量位居前列，每年黄鳝的消费量在 8 万~10 万 t。

黄鳝作为温热带的淡水鱼类，肉肥味美，它的营养价值、保健功能和药用效果较高。黄鳝常用于制作蒸黄鳝、炖黄鳝、红烧黄鳝等多种美食，已被世界诸多国家认可。黄鳝在国际市场上也有很大的需求量，主要出口至韩国、日本、欧美等发达国家。我国自古就有"小暑黄鳝赛人参"一说，韩国有"冬吃一只参，夏食一条鳝"之说，日本有"伏天黄鳝胜人参"的说法。发展黄鳝生产在利用资源、繁荣市场、富裕群众和换取外汇等方面具有较大的积极作用。

我国黄鳝养殖经历了如下 3 个时期。

一、捕捞自然产量时期（20 世纪 80 年代以前）

捕捞自然黄鳝一直持续到 20 世纪 70 年代末，这是因为我国南方的黄鳝自然资源较为丰富。这一时期有 5 个特点：①自然黄鳝资源较为丰富。②国内食用黄鳝不普及。③20 世纪 50 年代末开始出口换汇。④出口由国家设在各地的外贸部门统一收购，统一外销。⑤对黄鳝的研究较为落后，除 20 世纪 40 年代刘建康等对黄鳝的生

殖习性作了一些研究外，其余几乎处于空白状态。

二、人工养殖基础时期（20世纪80年代初至90年代中期）

那时我国刚刚实行改革开放，农民利用刚分到的责任田建池养殖，同时，改革开放后中国黄鳝出口量急剧上升，客观上也刺激了人工养殖黄鳝的发展。这个时期可分为前、中、后三期：前期为试养期，中期为停滞总结期，后期为恢复期。在前期，部分农户养殖获得一定的效益后吸引周围农户效仿开展，特别是长江中下游地区，在整个20世纪80年代初期形成养殖黄鳝的小高潮。由于黄鳝具有较多的与常规养殖鱼类（鲤科鱼类）不同的习性，技术研究滞后，即技术储备不足，如对黄鳝病害问题束手无策，这样就导致绝大部分养殖户亏损，尤其是养殖规模较大的业主。其结果是长江中下游养殖的黄鳝出现了大溃退，一个刚刚形成的养殖黄鳝小高潮就这样跌入低谷。20世纪80年代中后期为黄鳝停滞总结期，此时，长江中下游和天津地区的科研教学单位对黄鳝的应用技术开展研究，在总结前段养殖黄鳝失败教训的基础上，从养殖设施、放种及管理技术、特殊习性的处理、防病治病等方面做了大量的工作。一些农户也在实践中找问题、找出路，这个时期的总结和技术的积累为其后的养殖恢复和发展奠定了良好的基础。

这个时期的主要特点有4个方面：①群众养殖黄鳝积极性较高，并从多方面探索黄鳝养殖规律。②生产的发展促进了科研的投入，较多的科研单位和科技人员开始涉及养殖黄鳝的理论与实践研究，从而产生一些有价值的科研成果，为生产的发展奠定良好的基础。③出口量呈上升趋势，并开始出现与外资合办加工企业。④活黄鳝的市场价格不断上升，说明市场上的黄鳝求大于供。

三、人工养殖发展时期（20世纪90年代中期至今）

这一时期的特点：①黄鳝养殖业发展迅猛。由于前一时期奠定了良好的基础，本时期黄鳝养殖发展速度较快，其中发展较快的有湖北、湖南、江苏和浙江等省份，湖北省和湖南省的养殖规模和效益大致相同。②国内外市场仍为卖方市场。尽管迅猛发展的养殖业为市场提供了大量的产品，但由于国内外市场需求量快速上升，仍然存在供不应求的问题，具体表现在黄鳝市场价格居高不下。1998年国内主要城市的黄鳝售价情况是北京市 60~80 元/kg，上海市 80~100 元/kg，武汉市 30~40 元/kg，广州市 40~60 元/kg。夏秋季的价格比冬季特别是春节前后要低 10~20 元/kg。③养殖形式趋于多样化。已由原来水泥池为主的小作坊式的零星养殖发展到网箱养殖、规模养殖、室内养殖等多种形式，集约化养殖程度明显提高。④黄鳝的研究更加深入。由于前一时期科研工作打下的良好基础，本时期无论是在黄鳝的基础理论方面，还是应用技术方面的研究均有较大进展。

第二节　我国黄鳝产业发展现状

中国黄鳝养殖面积近年来持续增加，目前已超过 100 万亩（约合 66670hm²）。中国黄鳝养殖年均产量已突破 30 万 t 大关，成为全球最大的黄鳝生产国。但数据显示，我国黄鳝产量从 2015 年的367547t 下降至 2019 年的 313790t，同比下降 1.5%。在黄鳝养殖区域分布方面，我国黄鳝养殖主要集中在中部内陆省份。数据显示，在全国黄鳝养殖省份中，湖北省、江西省、安徽省、湖南省、四川省养殖产量位列前五，分别为 144162t、78353t、35916t、28724t、11383t。其中，湖北省的养殖产量约是第二名江西省的两倍，占据全国近一半的产量份额。湖北省黄鳝产业从 20 世纪 80 年代初开始发展，其产区主要集中在洪湖市、监利市、仙桃市、公安县、沙洋县、江陵县、荆州区、松滋市、汉川市等 30 多个地区，其中洪湖市、监利市、仙桃市和公安县产量最高，在 2016 年全国黄鳝产区产量统计排名中，洪湖市以产量 40542t 位居全国第一；其次是监利市，产量达到 37013t；仙桃市排名第三，产量达到 32878t；公安县排名第四，产量达到 14563t。

目前，人工养殖黄鳝的主要方式有水泥池养殖、池塘集约化网箱养殖、稻田仿生态养殖等，具体的操作方法也因地理区域和养殖技术的差异改变。总体而言，目前的养殖方式大多还是以获取季节差价的囤养方式为主，即在价格较低时将收集的黄鳝囤养起来，等待价格升高时再出售到市场。这样的养殖方式技术要求相对较低，只需要在整个养殖过程中做好常规管理工作即可，在市场环境比较好的情况下可以获得很好的回报，也是大部分黄鳝养殖户采取的方式。但是，较低的门槛往往带来较高的风险：如在养殖过程中，在饵料中添加避孕药对黄鳝进行催肥催大，相关舆论造成黄鳝价格下跌的市场风险；极端恶劣天气对黄鳝的生长环境造成影响，使黄鳝的质量降低或者减产甚至绝产。这些养殖风险都是要考虑的方面。值得庆幸的是，随着黄鳝养殖业的发展，技术投入和专业化配套服务体系已基本建成，现在已经有了一些较好的发展趋势。总结起来，产业发展现状呈现出以下特点。

一、黄鳝规模化、集约化养殖呈现良好势头

以前黄鳝人工养殖以房前屋后、田间地头等养殖方式为主，这种方式是小规模的、零星的养殖。现在采取的规模化、集约化养殖方式，具有良好的效益，受到养殖户的普遍欢迎。目前，集约化、规模化养殖黄鳝以网箱养殖为主，其他养殖方式并存。网箱养殖规模大，集约化程度高，以这种方式养殖的黄鳝产量占年产量的80%以上。

二、我国黄鳝在国际市场上的地位日益提高

在规模化、集约化养殖模式下生产的黄鳝，可以根据不同的市场需求采用不同的规格，以满足消费者的需要。随着大多数养殖户采用规模化养殖后，黄鳝产品的规格提高很快，在国际市场上逐渐受到外商的青睐。国外市场对我国大规格黄鳝、泥鳅等名优水产品的需求很大，市场基本处于供不应求的状态，可挖掘的市场潜力还很大。所以，如何生产出大规格的黄鳝不仅在提高黄鳝繁殖力方面有极重要的意义，在开拓国际市场方面也具有非常重要的作用。另

外，在出口的黄鳝品类中，除了可以出口鲜活黄鳝以外，鳝丝、烤鳝鱼段、黄鳝罐头等加工产品也可以对外出售，这也是各水产品加工企业和社会团体对水产品加工的关注所做出的贡献。

三、黄鳝深加工产业初见端倪

黄鳝养殖业的迅猛发展，推动了其下游产品加工的发展，目前除活鲜鳝出口外，已出现烤鳝串、黄鳝罐头、鳝丝、鳝筒等加工产业，还有鳝血酒和全鳝药用酒的生产。同时，黄鳝体内富含 DHA、EPA 和其他药用成分，国内外已在深加工和保健品开发上进行研究，黄鳝产业链条向纵深发展。深加工大幅提升了黄鳝的经济价值，已越来越受到食品加工企业的重视。

四、黄鳝产业科技受到空前重视

实现科研、生产、加工一体化是现代商品生产的必要趋势。我国人工黄鳝养殖的历史较短，近年来各地加大了黄鳝养殖、繁殖和营养等方面的研究力度，新成果、新经验和相关项目的实施比前十年大为增加，通过成果推广和应用，将黄鳝的科技成果、技术专利直接与生产相结合，转化为生产力，黄鳝养殖业科技含量大为提高，有力地促进了养鳝业的快速发展。

五、网络媒体促进了黄鳝产业发展水平的提升

现代网络传媒技术的飞速发展，使很多养殖户利用网络宣传和推广自己生产的黄鳝产品。信息的快速传播改变了传统经营模式，缩短了产品交易时间，节约了大量成本，因此黄鳝产业的发展越来越好、越来越快。

第三节　我国黄鳝养殖中存在的主要问题

我国人工养鳝业自改革开放初期兴起，至今已经历了养殖套路形成、养殖技术普及和养殖业全面发展三个阶段。多年来，广大养

鳝工作者不断探索、艰苦实践、细心总结经验教训，终于掌握了一套切实可行的、稳产高产的养鳝技术。随着养鳝技术水平不断提高，养殖模式不断优化，养殖规模逐渐扩大，近年来，我国的黄鳝产业出现了良好的发展势头，人们养鳝的积极性不断提升，养殖形式也从单一池塘养殖发展到水泥池养殖、稻田养殖、网箱养殖、流水无土养殖等。虽然发展态势良好，但仍然存在一些问题。

一、畸形发展影响了黄鳝产业的健康发展

黄鳝养殖的利润很高，为了在短期内获得较高的回报，许多养殖户不顾规模养殖内在规律的约束，在没有掌握过硬的养殖技术和在种质资源没有保障的情况下，强行盲目扩大规模，最终导致血本无归，影响了黄鳝养殖业的健康发展。例如，为了获得相应数量的苗种和饲料，对黄鳝苗种的引进、黄鳝动物性饲料的来源等环节把关不严，其结果通常是购进苗种质量良莠不齐，规格参差不齐，放养后的成活率较低；饲料质量差，供应也得不到保障，种鳝营养欠缺，经常生病，影响了后代健康发育；其他生产环节技术不过关，也会影响黄鳝的生产。

二、苗种质量得不到保障

苗种是养殖的基础。黄鳝的怀卵量相对较少，人工繁殖技术尚未成熟，规模化人工繁殖受到制约。养殖者购买的黄鳝苗种基本来自野外捕捞，苗种生产仍然是制约黄鳝养殖业发展的重要因素。另外，苗种大量捕获的时期正值高温季节，暂养与运输不当，也会造成黄鳝在下池后大量死亡。因此，苗种的质量在很大程度上由捕捞、暂养和运输方法决定。由市场上收集而来的成鳝作为种鳝，很难保证黄鳝苗种的质量。

三、黄鳝上市时间相对较集中，上市规格偏小

黄鳝上市时间集中、规格小，根源在于资金缺少、养殖面积受限制等因素。黄鳝生长期主要为夏秋两季，冬天基本停止生长，春

天后期生长缓慢，导致养殖黄鳝在秋末大部分集中上市，影响了市场价格，从而影响了黄鳝养殖的经济效益。同样，上市规格小也影响黄鳝的销售价格，国际、国内市场均如此。例如，美国市场对我国黄鳝、泥鳅等名优水产品的需求旺盛，市场潜力很大，但要求出口的黄鳝规格要大，一般为150g/尾以上。解决这个问题需要适当降低黄鳝的放养密度，加大食物投喂量，加快其生长速度，捕大留小，从而提高上市个体规格。

四、驯食不彻底影响养殖效益

黄鳝在野生环境下摄食习性为昼伏夜出、偏肉食性、喜吃天然鲜活饵料。人工养殖黄鳝时，如果不能让黄鳝改变摄食习性，会对养殖的效果和人工饲料的利用率产生较大的负面影响。驯食要解决两个方面问题：①要解决黄鳝偏食活饵料的问题。黄鳝是偏肉食性的杂食性动物，若投喂单一的动物性饲料，会使其对其他饲料产生厌食。如果在饲养的初期做好驯食工作，使黄鳝摄食人工配合饲料，在今后的养殖过程中就可以用满足其营养需求的人工配合饲料喂养黄鳝，对防病治病、投喂药饵有好处。②要解决黄鳝的摄食时间的问题。野生黄鳝多在晚上出洞觅食，通过驯食逐步调整投饵时间，使黄鳝在白天摄食。黄鳝驯食的时间通常需要40天左右，有些养殖者在驯食的中间阶段，看到有黄鳝在白天摄食，便停止驯化，其实这仅仅是部分黄鳝对驯食工作产生了条件反射，还有很多黄鳝处于摄食饲料的转化期，需要进一步加强和巩固。

五、饲料投喂不科学，配合饲料研制滞后

大多数养殖者以投喂蚯蚓和小杂鱼等活饵料为主，很少有全程投喂人工配合饲料的。食用小杂鱼等活饵料的黄鳝，多因营养不全面，生长缓慢，饵料系数高，加上活饵料生产缺乏连续性，时饱时饥，会引起黄鳝自相残杀，也易诱发肠炎病和细菌性烂尾病等，导致养成的黄鳝规格参差不齐、大小不一，产量低下。仅靠活饵料不能满足规模化生产的需要。然而，由于目前黄鳝专用配合饲料的生

产厂家太少，黄鳝养殖户不易直接购买，且因路途遥远，即便购买也必须负担高额的运输费用，无形中增加了养殖成本。

六、集约化养殖技术有待提高

目前，日本、新加坡等国家开发了立体集约化养鳝，集约化程度高，单层产量达 $50kg/m^2$。我国目前集约化养鳝单产为 $10\sim20kg/m^2$，与先进国家比较尚有差距，集约化养殖技术有待提高。

七、病害防治不及时

病害是集约化养殖中最难处理的问题，随着黄鳝养殖集约化的发展，黄鳝病越来越多。据不完全统计，目前各类鳝病已达 30 余种，因这方面的研究滞后于生产发展，黄鳝的疾病已成为制约其产生发展的主要因素，很多养殖户因对病害防治不及时而造成养殖失败。

第四节 我国黄鳝产业的发展趋势

黄鳝在中国菜肴中具有悠久的历史，并被广大消费者喜爱，其独特的口感和丰富的营养价值成为吸引人们购买的关键因素之一。随着人们对健康食品的关注增加，黄鳝作为低脂肪、高蛋白质的食材备受青睐。此外，随着养殖技术的不断创新和提高，黄鳝的养殖效率和质量也将得到提升，进一步推动市场的发展。

一、黄鳝的市场价值

黄鳝肉嫩味鲜，营养价值甚高。鱼中含有丰富的 DHA 和卵磷脂，是构成人体各器官组织细胞膜的主要成分，并且是脑细胞不可缺少的营养物质。有资料指出，经常摄取卵磷脂，记忆力可以提高 20%。故食用鱼肉有补脑健身的功效。它所含的特殊物质"鱼素"，有清热解毒、凉血止痛、祛风消肿和润肠止血等功效，能降低血压和调节血糖，对痔疮、糖尿病有较好的治疗作用，加之所含脂肪极少，因而是糖尿病患者的理想食品。鱼肉含有丰富的维生素 A，其有助于改善视力，促进皮膜的新陈代谢。据分析，每 100g 鳝鱼肉中蛋白质含量达 17.2g，脂肪 0.9～1.2g，钙质 38mg，磷 150mg，铁 16mg；此外还含有硫胺素（维生素 B_1）、核黄素（维生素 B_2）、尼克酸（维生素 B_3）和抗坏血酸（维生素 C）等多种维生素。黄鳝不仅被当作名菜用来款待客人，近年来活运出口，畅销国外，更有冰冻鳝鱼远销美洲等地。黄鳝一年四季均生产，但以小暑前后最为肥美，有"小暑黄鳝赛人参"的说法。由于黄鳝的营养价值高，市场需求量很大，尤其是我国的东南沿海和长三角地区。据有关机构调查，国内黄鳝每年的需求量高达 30 万 t，日本、韩国等国的需求量达到 20 万 t，而国内每年黄鳝的产出量远远不能满足市场需求量。每年春节期间，沪、宁、杭地区每日黄鳝供需缺口竟然高达 10t 左右。日本、韩国等国的进口量每年以 15% 的速度增长，国内经济发达的地区如北京、上海、香港等地时常出现断货的尴尬局面。现在黄鳝的野生资源主要分布在四川、安徽、湖南、湖北等地，其他地区只在局部地方能够找到，随着野生黄鳝需求量逐年上升，资源快速减少导致市场供求关系严重失调，使黄鳝养殖成为最热门的养殖业之一。

二、黄鳝产业发展趋势

1. 种苗生产实现批量化

尽管当前黄鳝种苗生产不尽如人意，已引起有关部门领导和科研单位的高度重视，据研究显示，长江中下游诸多省份已将黄鳝的种苗生产列为重点工作内容和攻克方向，如 2010 年，在国家农业行业专项的支持下，长江大学开展黄鳝仿生态规模化繁育技术获得突破性进展；2016 年秋，湖北省科技厅就黄鳝种苗与饲料攻关问题在全省范围内实行项目招标；2019 年，中国水产科学研究院长江水产研究所开展的黄鳝规模化全人工繁育获得成功，这也标志着未来种苗实现批量化生产的时代即将到来。

2. 投资黄鳝经营的主体多元化

现代化大生产离不开大中型企业和资金的支持，黄鳝生产也是如此。黄鳝养殖的较好效益已开始受到商家的关注，并且已有一些商家开始投资此产业。相信近年会有更多的资本进入黄鳝产业，终将解决目前投资不足问题，实现投资多元化。

3. 生产形式实现规模集约化

目前，工厂化、集约化养殖黄鳝已形成较好的雏形，随着社会投资力量的参与和投资多元化的实现，零星的小生产形式将会被批量、规模生产的工厂化、集约化生产代替。湖北省仙桃市、荆州市，四川省简阳市和安徽省淮南市的一些工作就相当有成效。

4. 科研、生产、加工实现一体化

实现科研、生产、加工一体化是现代商品生产的必然趋势，将科技成果、技术专利直接与生产加工相结合，转化为生产力是发展的必然要求，目前这方面工作刚刚开始，不久的将来可呈现蓬勃发展的局面。

5. 销售商业模式新型化

随着我国深度参与世界贸易活动，客观上要求黄鳝参与国际贸易化经营，事实上20世纪70年代至80年代初我国的黄鳝出口贸易由国家相关部门统一组织经营，而20世纪80年代末开始，我国已放开黄鳝、珍珠等品种的统一出口经营权。目前，随着政府、合作社、食品企业和销售商家对黄鳝产业的参与，流通营销已实现国际贸易化。开辟新的精深加工销售商业模式将促进我国的黄鳝养殖业进入一个崭新的发展阶段。

三、发展途径

1. 加大黄鳝科研的投入，努力增加科技储备

科研的投入包括科研资金的投入和科研力量的投入，研究的主要内容应包括黄鳝生理、生态特性的研究，黄鳝养殖的最佳环境的研究，还有种苗繁育与批量生产等方面的研究。

2. 倡导健康养殖和生态养殖

如前所述，随着生产力的发展，黄鳝的疾病出现多样化和复杂化趋势。解决此问题单纯靠投药防治不是最好的办法，应倡导健康养鳝和生态养鳝等养殖形式，最大限度地减少鳝体药物残存程度，这有利于人们的身体健康，更重要的是有利于出口创汇。

3. 保护天然黄鳝资源

一是要严格控制捕捉量和上市规格；二是要确定繁殖保护期，在黄鳝繁苗期内禁捕黄鳝。在 21 世纪初，我国对《渔业法》进行了适当的修改，要依法保护黄鳝资源。当然，保护天然黄鳝资源的重要方面是要加快黄鳝人工繁育苗种的研究进展，只有人工种苗达到批量供给，才能更好地减少对天然黄鳝种苗的滥捕。

4. 开展工厂化养殖，提高集约化程度

学习国外的先进养鳝经验，大力开展工厂化养殖是今后养鳝的方向之一。黄鳝特殊的习性，尤其是适应浅水生活的习性，较适合工厂化立体养殖，更适合人工调温、控温条件下的集约化养殖。这方面需要解决的问题很多，如环境中的水质、水温、溶氧等，还有全价人工配合饲料的开发等。

5. 加大深加工产品研究，增强出口换汇能力

随着我国在国家贸易市场的参与度越来越高，拓宽国际市场中黄鳝产品的销售渠道显得非常重要。目前我国的出口产品仍以活黄鳝为主，以后还要研究黄鳝的保健食品、快餐食品等多方面内容。此外，加强产品的商标注册也迫在眉睫。

总之，我国黄鳝产业的发展需要社会力量的支持，也需要科研人员的加倍努力来提高产业的科技含量，还必须走集约化、商品化、国际化的道路。只有这样，我国的黄鳝产业才能进入快速、持续稳定、健康发展的时代，为我国的水产业注入新的活力。

第二章　黄鳝的生物学特征

第一节　黄鳝的形态特征与养殖品种

一、黄鳝的形态特征

黄鳝，俗称鳝鱼、蛇鱼、长鱼等。在脊椎动物分类学上，黄鳝属于硬骨鱼纲、合鳃目、合鳃科、黄鳝属。黄鳝是一种典型的淡水鱼类，下面详细介绍黄鳝的外部形态。

身体：黄鳝身体细长，呈现出蛇的形态，没有鳞片覆盖，皮肤光滑且很有弹性。它们的身体长度通常为 25～40cm，最长可达 60cm。

头部：黄鳝的头部比较小，扁平而呈弯曲状。嘴巴位于头部前端，较大且圆，并配有锋利的牙齿。黄鳝的眼睛较小，呈黑色或深褐色，位于头部两侧。它们的视力不是很好，主要依靠触觉来感知周围环境。

鳍：黄鳝具有背鳍和臀鳍，都位于身体的后部。这些鳍通常是透明或浅色的，并且比较小。

尾部：黄鳝的尾部呈圆形，有时稍微扁平。尾鳍通常为透明或淡色，尾柄较细长。

颜色：黄鳝的体色以棕黄色或深棕色为主，身体上可能有斑点、条纹或深浅不一的斑纹。由于黄鳝常在泥土和泥浆中活动，所以它们的颜色能够提供很好的伪装效果。

总体来说，黄鳝的外部形态适应了其在底栖环境中的生存需求，如柔软的身体、无鳞的皮肤、灵活的头部和尾部以及小而透明的鳍等特征。这些特征使其能够在泥沙质底栖环境中穿行，并成功捕捉到猎物。

黄鳝的内部结构主要包括消化系统、呼吸系统、循环系统、泌尿系统和生殖系统等。以下是黄鳝的内部结构的简要描述。

消化系统：黄鳝的消化系统包括口腔、咽喉、食道、胃和肠道等器官。黄鳝拥有发达的消化器官，适应了杂食性的饮食习性。黄鳝通过吞食食物，并依靠胃中的消化液进行消化和吸收养分。

呼吸系统：黄鳝的呼吸系统主要由鳃和皮肤组成。黄鳝通过鳃在水中获取氧气，并通过皮肤上的特殊细胞进行气体交换。这使黄鳝能够在低氧环境中生活，如在泥土中。

循环系统：黄鳝的循环系统由心脏、血管和血液组成。它们的心脏是一个较小的、有节律的器官，通过心脏收缩使血液流动。黄鳝的血液含有红血球和白血球，负责运输氧气和营养物质，以及维护免疫功能。

泌尿系统：黄鳝的泌尿系统由肾脏、输尿管和膀胱组成。它们通过肾脏过滤血液中的废物和多余的水分，形成尿液并将其排出体外。

生殖系统：黄鳝的生殖系统包括卵巢和精巢等性腺器官，以及输卵管和输精管等生殖道。黄鳝是雌雄异体生物，具有两性的生殖器官。雌性黄鳝产卵，雄性黄鳝通过产生精子进行体外受精。

黄鳝的内部结构适应了其在水环境中的生存和繁殖需求。消化、呼吸、循环、泌尿和生殖系统等互相配合，确保了黄鳝的正常生理功能和生命活动。

二、目前养殖黄鳝的品种

养殖黄鳝，种苗是关键。不同黄鳝种群对环境的适应能力、生长速度、养殖效益是不同的。发展黄鳝人工养殖的关键是要选择良好的黄鳝品种。我国黄鳝品种较多，其中4种主要黄鳝的种群特征、生长特性及养殖效益如下。

1. 深黄大斑鳝

深黄大斑鳝体形细长，呈圆形，身体匀称，颜色深黄，全身分布不规则的黑色斑点。深黄大斑鳝对环境适应能力强、抗逆性强、生长速度快且个体大，饲养一年个体就可达 300g，肉质细嫩，品质好。深黄大斑鳝是人工养殖黄鳝的好品种。

2. 金黄小斑鳝

金黄小斑鳝体形细长且匀称，身体呈浅金黄色，全身分布不规则的细密褐黑色斑点。金黄小斑鳝对环境适应能力较强，生长速度较快，但比深黄大斑鳝慢，其肉质较好，也可作为养殖品种。

3. 杂色鳝

杂色鳝体形不匀称，呈浅白色或浅黑色。杂色鳝对环境适应能力差，抗逆性也差，生长速度慢，该品种饲养一年增重一般不超过 1 倍，颜色也不好看，不宜作为人工养殖品种。

4. 灰色泥鳝

灰色泥鳝体形小且长，体色为青灰色，全身分布细密的黑色斑点。灰色泥鳝对环境适应能力较差，抗逆性也不强，生长速度较慢。该品种饲养一年增重不超过 2 倍，养殖效益较差，不宜作为人工养殖品种。

第二节　黄鳝的生活习性

黄鳝为底栖性鱼类，对环境的适应力较强，多栖息在塘堰、沟渠、稻田、湖汊和池沼等静水水体，水流较缓的江河和溪流处也有分布。

一、栖息习性

黄鳝的栖息习性主要涉及其栖息地选择、繁殖行为和行动范围等方面。

1. 栖息地选择

黄鳝通常栖息在静水或缓流的淡水环境中，如河流、湖泊、池塘、沟渠等。它们喜欢选择水质较好、水温适宜、底质含有泥沙或植被丰富的栖息地。黄鳝也能够适应一定程度的氧气含量低和水体污染的环境。

2. 繁殖行为

黄鳝属于多次产卵的鱼类，会选择适宜的季节和栖息地进行繁殖。它们通常选择浅水区域、植物丛生的水草床或泥沙底质来产卵。雄性黄鳝会筑巢来吸引雌性，巢由植物纤维和泥沙构成，并且会吐许多泡沫在鳝巢周围。在产卵后，雄性会守护卵和幼鱼，对外界的威胁保持警觉，受到严重威胁时，会自食其卵。幼鱼长到 3～5cm 后，会离开巢穴，独立寻找食物和栖息地。

3. 行动范围

黄鳝的行动范围通常受到栖息地的限制。它们在栖息地中进行觅食和活动，常在夜间或黄昏时活跃。黄鳝具有一定的游泳能力，主要是在水底缓慢爬行。它们往往依赖于水域的结构、水草和其他隐蔽物来提供庇护。

4. 社交行为

黄鳝在栖息地中与同种群体进行社交，形成一定的社交结构。它们可能会形成小的群落或聚集在特定的区域。黄鳝之间会进行一些社交行为，如展示行为、争斗和领域争夺等。

黄鳝除了具有一般鱼类的生活习性外，还具有以下特性：

（1）喜暗避光。黄鳝营底栖生活，昼伏夜出，白天很少活动，一般静卧于洞内，温暖季节时夜间活动频繁，出洞觅食，有时守候在洞口捕食，捕食后立即缩回洞内。在炎热的夏季的白天有时也出洞呼吸和觅食，这一特性有利于逃避敌害，也是机体自身保护的需要。眼退化且细小，并为皮膜覆盖，视觉极不发达，喜暗避光。若长时间无遮蔽，会降低黄鳝体表的屏障功能和机体免疫力，导致发病率很快上升。这说明黄鳝在长期的进化过程中，已不适宜在强烈光照下生存。黄鳝的嗅觉和触觉灵敏，为觅食的主要器官，味觉不发达。

（2）喜温暖。黄鳝是一种对温度较为敏感的鱼类，它们更喜欢温暖的水体环境。黄鳝适应范围相对较广，但它们最适宜的生存水温一般为 20～30℃。在这个温度范围内，黄鳝的活动力和新陈代谢能力都会较强，对食物的消化吸收也比较有效，有利于生长和繁殖。而且黄鳝倾向于选择水温较高的栖息地，如阳光直射的湖泊、池塘或河流，这些地方通常能够提供相对稳定的温暖水温。原因是黄鳝为变温脊椎动物，体温随外界温度的变化而变化。黄鳝的活动与水温密切相关，水温高则藏身于洞穴中，水温低则停食，冬季有"蛰伏"的习性。水温在10℃以下时，便钻入深层泥土中。冬季常钻入20~25cm深的泥土中越冬，达数月之久。当水环境开始回温，即温度达到10℃以上时，黄鳝就开始出洞觅食生长。

（3）耐低氧。黄鳝的鳃退化，从水中吸收溶解氧的能力大大下降，但其口咽腔内壁黏膜有直接呼吸空气的功能。黄鳝可竖起前半段身体，将吻端伸出水面，鼓起口咽腔直接呼吸。民间所讲的"望月鳝"就是在夏季炎热时，黄鳝为呼吸空气，将头伸出水面长时间地伫立，若在夜晚其形状好像在仰天望月。黄鳝的辅助呼吸器官对其生存具有重要的作用。若水体的水位过高，黄鳝头部没有伸出水面的机会，时间长了就会被淹死，所以养鳝池水位一般以10~20cm为好。如果水体中溶解氧充足，口咽腔也能兼营水中呼吸。黄鳝在水中溶解氧十分缺乏时也能生活，它可以短时间离开水源而不死，可在潮湿阴凉的条件下，长途保鲜运输1~3天，成活率仍达90%以上。黄鳝比一般鱼类耐低氧，溶解氧含量要求为2mg/L以上。黄鳝因能耐低氧而易于进行长途运输和高密度养殖。

二、穴居生活

黄鳝喜栖息于腐殖质较多的水底淤泥中，在水质偏酸性的环境中能生活得很好。黄鳝常利用天然缝隙、石砾间隙或漂浮在水面的水草丛作为栖息场所。它们喜欢在水体的泥质底层或田埂边钻洞穴居，白天栖息于洞穴中，夜晚则离开洞穴觅食。洞是由黄鳝用头部钻成的，钻洞时其动作相当敏捷，很快就可钻入土中。一般洞穴较深邃，洞长约为鱼体长的3倍。洞穴约离地面30cm，洞口多为圆形，洞道弯曲，分叉多，每个洞穴至少有2个洞口，一般相距60~100cm，长的可达200cm，洞口光滑且其中必然有一个洞口在水中，供外出觅食或作临时的退路；另一个洞口通常离水面 10~30cm，便于呼吸，在水位变化大的水体中，有时甚至有 4~5 个洞口。

黄鳝一般选择软硬适当的泥土钻洞，也在石块周围或树根底下打洞。在稻田中，黄鳝多沿田埂做穴，栖息在稻田中央的很少。黄鳝营洞穴栖息的特征并非其生存的必然条件，而是为了达到种群的延续目的经过长期自然选择形成的结果，其意义在于逃避敌害和避免高温严寒的侵袭。由于黄鳝生活于浅水层是其生存的必然条件，但栖息于这一水层极易受到禽鸟的攻击，并且该水层温度变化剧烈，所以黄鳝洞穴是栖息淡水层唯一有利于生存的途径。在人工养殖中，如能有效地解决这一冲突，则黄鳝放弃洞穴对其生存栖息和摄食生长并无不利影响。采用网箱和水泥池无水养殖获得成功就很好地说明了这一点。

三、养殖环境

和其他鱼类一样，水域是黄鳝赖以生存的物质基础，其生长发育主要依靠水中提供的各种维持生命活动的物质，因此黄鳝的生长快慢与水体环境关系密切。黄鳝的生长、发育和繁殖主要受周围环境的影响。要想把黄鳝养好，必须先养好水。一般来说，适合黄鳝生长发育的水质要符合"肥、活、嫩、爽"四点要求。

1. 水温适宜

水温对所有的养殖鱼类来说都是最重要的环境条件之一，黄鳝也不例外，其适宜生长的温度为 15~30℃，最适生长水温为 22~28℃。当水温下降至 10℃ 以下时，黄鳝停止摄食，钻入土中越冬。夏天水温超过 28℃ 时，黄鳝摄食量下降，水温高于 32℃ 时钻入洞底低温处垫伏。在人工养殖条件下，因池底有水泥或砖的结构，黄鳝会浮游水面，长时间高温会导致其死亡，故应采取遮阳降温措施。在我国大部分地区，黄鳝于清明前后开食，中秋后吃食明显减少，11月中旬停食，6月前后食欲旺盛，一年中黄鳝生长较快的月份是 5~10月，因此，抓好这段时间的饲养管理，对获取高产是十分重要的。水温还会影响水体中其他水生生物的生长，进而影响各种有机物质的分解速度，从而间接影响黄鳝的生长。因为一年四季中水温在不断变化，养殖者必须采取相应的降温和保温措施，保证黄鳝一年四季都能很好地生长。

2. 溶氧充足

氧气是各种动物赖以生存的必要条件之一，水生生物的呼吸作用主要靠水中溶解的氧气。溶解氧是指以分子状态存于水中的氧气单质，不是化合状态的氧元素，也不是氧气气泡。在养殖水体中，溶解氧的主要来源是水中浮游植物的光合作用。因此，在黄鳝养殖池中保持一定的肥度，对提供溶解氧很有作用。除物理因素外，水中氧气的消耗主要是生物作用耗氧和化学作用耗氧。鳝池中黄鳝养殖数量的多少直接影响氧气的消耗速度。根据试验测定，一般在水温为23℃左右时，每1kg黄鳝耗氧速率为30mg/h左右。鳝池底泥中有机物及生物耗氧也较多，一般可达每天1g/m²左右。黄鳝有辅助呼吸器官，能耐低氧，但是水中含氧量低于2mg/L时，黄鳝就会反常，出现浮头或吐食现象，严重时造成泛塘而大批死亡。水中溶解氧在3mg/L以上时，黄鳝活动正常。经测定，黄鳝的窒息点是0.17mg/L。若养殖水体经常缺氧，会影响黄鳝的生长和饵料的利用，还影响有机物质的分解和物质循环的进程，引起有毒代谢产物积聚，使生活环境恶化。因此，一定要保持水体中充足的溶解氧含量。养殖黄鳝的水体除了降低水温、勤换新鲜水以外，还要使水中浮游植物保持适当的种群密度和旺盛的生活状态。水生植物进行的光合作用，可以改善水质条件和提高水中的溶解氧含量。黄鳝的辅助呼吸器官发达，能直接利用空气中的氧气。因此，养殖水体中短期缺氧，一般不会导致黄鳝泛池死亡。

3. 营养盐适当

在物质循环过程中，水生植物是"初级生产力"，水中的溶解盐是浮游植物生长和繁殖的营养源。营养盐丰富，黄鳝的天然饵料就丰富，因而产量也较高。黄鳝和其他鱼类都是异养生物，它们生长所需的物质和能量完全依赖于食物。在养殖水体中，饵料来源主要是人工投喂的饲料，同时辅以一小部分天然饵料。在野生状态下，黄鳝完全依靠天然饵料。众所周知，植物，特别是浮游植物的光合作用才是水体中有机食物的真正生产者，而这些植物的生长速率及产量受水中营养元素的限制。因而水中营养元素丰富，搭配合理，则浮游植物数量越多，浮游动物数量也能相应增加，进而促使其他小型水生生物增加，为黄鳝提供了一定数量的天然饵料。另外，浮游植物进行光合作用时，吸收黄鳝呼出的二氧化碳，释放出新鲜的氧气，增加了水体中的溶解氧，也大大地改善了水质。如果水域中氮、磷含量偏低，则会影响浮游植物的生长。此时，可以适当施肥以增加水体中的营养盐类。当然，这还与水体的光照条件和水温有关。一般在适宜的光照和温度条件下，通过适当施肥增加营养盐类，特别是氮、磷，对黄鳝的产量增加有着重大的影响。

4. 有机物质适量

在天然水域中，有机物质的作用也是不可忽视的。有机物质是水中细菌、原生动物、大型水蚤及其他脊椎动物的食物来源，而这些动物又都是黄鳝摄食的天然饵料，有时黄鳝直接摄取有机碎屑。水体中有机物质的主要来源有光合作用的产物、浮游植物的细胞外产物、水生生物的排泄废物、生物残骸和微生物。水中有机物的存在对黄鳝生长有积极作用，因为它可作为黄鳝饵料生物的食物。水中的有机物质含量也是水肥程度的标志，适宜的有机物质耗氧量为 $20\sim40mg/L$，如果高于 $50mg/L$，表示投饵过多（或施肥过量），余下的食物将会腐烂沉积，应立即停止投喂并更换新水，改善水质。

5. 清除有害物质

养殖水体中有毒物质的来源有两类：一类是由水体内部物质循环失调生成并累积的毒物，如硫化氢、氨类等；另一类是由外界环境污染引起的鳝池中氨的来源，一是施用氮肥，二是鳝体中生物代谢的产物，三是池中有机物通过厌氧分解产生的。水体中最常见的有害物质是氨和硫化氢。氨过量会阻碍生命活动，甚至引起黄鳝死亡；硫化氢对多数生物具有毒害作用，会大量消耗水中的氧气，即使微量存在，也是百害而无一利，必须及时清除。适量的铵态氮是有益的，而含量过高则阻碍黄鳝的正常生命活动。一般要求鳝池中氨的含量不超过 4mg/L。硫化氢是水体中厌氧分解的产物，对水生生物有强烈的毒性，危害很大。它有明显的刺激性臭味，一经发现养鳝水体水质败坏，应立即换水以及增加氧气，或少量添加石灰水，使水呈中性或微碱性，以减少其毒性。目前外源性的毒物主要是农药，少量的农药就会使大面积的黄鳝死亡。在养鳝池中，应尽量避免各类有毒农药进入。

第三节　黄鳝的食性

全长 25～100mm 的稚鳝，其食性随着身体的生长发育会发生变化，前期以小型浮游动物如轮虫、桡足类无节幼体、小型枝角类为主，随着摄食器官和消化器官的发育，逐步转向摄取大型的饵料动物如水生寡毛类、摇蚊幼虫等，到后期则基本与幼鳝、成鳝食性接近。另外，在稚鳝的各阶段均兼食部分植物性饵料，如硅藻、绿藻等，说明稚鳝的食性为偏动物食性的杂食性。要提高稚鳝的成活率，关键是培育适口的饵料动物，在前期应以培育轮虫等小型浮游动物为主，而后期应以培养摇蚊幼虫和水生寡毛类为主。

成鳝是一种以动物性食物为主的肉食性鱼类，在自然条件下主要捕食水生和陆生的昆虫及幼体（如摇蚊幼虫、飞蛾等）、水蚯蚓、大型浮游动物（枝角类、桡足类）、蟒、幼蛙、小鱼虾，兼食有机碎屑和丝状藻类，也食浮萍、瓢莎等水生植物。黄鳝也有喜食陆生动物的癖好，夜间常游近岸边，甚至离水上岸捕食陆生蚯蚓、金龟子等。在食物严重不足和饥饿状况下，黄鳝有以大吃小、以强食弱的种内残食习性。在人工养殖条件下，除摄食动物性饵料外，也可摄食少量商品饲料，经驯食的黄鳝可摄食配合饲料。黄鳝喜食鲜活饵料，生性贪食，在夏季摄食旺盛时，对动物性饵料的最大日摄食量可达黄鳝体重的 20% 左右。同时，黄鳝也有很强的耐饥饿能力，寒冬季节钻入泥中冬眠，长时间不摄食也不会饿死。

黄鳝性贪食，其摄食方式为口噬食及吞食，多以口噬食为主，适口的食物一口吞进，不经咀嚼咽下；遇大型食物时先咬住，并以旋转身体的办法将所捕食物咬断，然后吞食，摄食动作迅速，摄食后即以尾部迅速缩回原洞中。人们往往利用这一特点，用铁丝弯成的钩很容易钓到池塘或者水田边躲在洞穴中的黄鳝。黄鳝比较耐饥饿，长期不吃食也不会死亡，但体重会明显减轻。这是长期以来黄鳝在不良外界环境中形成的一种适应性本能。黄鳝性贪食，一般情况下摄食率在3%~5%，在夏季活动旺盛时，摄食量增大，可达到8%。

黄鳝对食物的选择性很强，喜食鲜活动物性饵料。在自然条件下，饵料生物随季节变化，其摄食的食物也随之发生季节性变化。春季饵料生物少，黄鳝摄入的饵料中泥沙和腐屑的比例较大；夏秋季饵料生物丰富，摄入的饵料中饵料生物比例较大，对黄鳝是非常有利的。自相残杀是黄鳝摄食活动的另一特点，这一情况只有在极度饥饿的情况下才会发生。正常满足投喂时，即使个体悬殊，也不会出现自相残杀。但进一步的实验结果表明，当个体悬殊达到一倍以上时，小个体的摄食活动就会被抑制，即使饵料极为充分，小黄鳝也不敢摄食，这种情况若持续发生，将导致个体悬殊进一步加大，影响小个体的生长。因此，人工养殖时大小分级饲养是必要的。

第四节　黄鳝的生长与繁殖

一、黄鳝的年龄和生长周期

黄鳝的年龄可用耳石、舌骨和脊椎骨等材料进行鉴定。黄鳝的舌较发达，在舌弓的基舌骨和上舌骨上有明显的生长带和年龄标志，年龄鉴定较准确，且取材方便，不损坏黄鳝体。采用耳石作为年龄鉴定材料的优点在于年轮清晰，低龄黄鳝的耳石无须加工，可直接置于解剖镜下观察，但高龄黄鳝的耳石需在油石上磨后，才能清楚地见到年轮。黄鳝年轮的形成时间为每年的3~7月。

黄鳝的生长周期可以分成以下4个阶段。

1. 孵化期

黄鳝的孵化时间受到环境温度的影响，通常在水温 18～25℃ 进行。在适宜的温度下，黄鳝的卵孵化期为 2～4 周。孵化后，幼小的黄鳝会在雄鳝的照顾下生长到 3～5cm，可以自主寻找食物。

2. 幼生期

黄鳝在幼生期主要以浮游动物、软体动物和昆虫等为食。它们通过摄食并吸收营养快速生长。幼生期的时间长度通常为 3～4 个月，在此期间黄鳝的体长迅速增加。

3. 青年期

在这个阶段，黄鳝逐渐转向捕食其他小型水生动物。青年期的持续时间因物种而异，一般为几个月到一年。黄鳝在这个阶段经历身体结构和器官的完全发育，同时继续增加体重。

4. 成熟期

黄鳝的成熟期通常在青年期之后几个月到几年不等。成熟的雌性黄鳝开始具备繁殖能力，成熟期的时间长度也因物种和环境而异，初次性成熟后，雌性黄鳝就开始出现性逆转。

黄鳝的生长速度和时间受到多种环境因素的影响。例如，水温较高和充足的食物资源通常会促进黄鳝的生长。另外，不同物种的黄鳝可能具备略微不同的生长规律，如体形大小、生长速度和成熟时间等方面的差异。

二、黄鳝的生长与年冬龄特点

黄鳝的生长期为 5～10 月，其中 6～9 月由于水体温度适宜、食物来源丰富等，所以生长最快。冬季来临时，开始穴居冬眠，冬眠期体内代谢缓慢而不吃不动，靠体内积累的营养维持生命。黄鳝生长的适温范围为 15～30℃，最适生长温度为 24～28℃，这与其摄食的适宜温度是一致的。

黄鳝的个体生长差异较大。相同养殖池的黄鳝，放养前相同体重的个体，经过一段时间的养殖，其体重会出现差异。在野生黄鳝中，这种个体大小差异表现得更加显著。例如，4 冬龄的野生黄鳝大的可达 90g 以上，而小的仅有 30g，其个体尾重差异可达 60g 以上。黄鳝的这一特性要求在养殖生产过程中定期检查黄鳝生长，将小个体和大个体及时分开饲养，使同一池塘中黄鳝个体大小基本一致，促进其生长，提高群体产量。

黄鳝的生长速度受遗传、年冬龄、营养、健康和生态条件等多种因素影响。总体情况是，黄鳝在自然条件下生长较慢。据相关材料报道，在自然条件下，黄鳝 1 冬龄前生长较慢，2~4 冬龄明显加快，5 冬龄后生长又变缓慢。

三、黄鳝的性逆转

黄鳝的性逆转是指某些雌性黄鳝在特定条件下发生性别转变，变成具有雄性特征和功能的个体。性逆转现象在黄鳝中比较常见，也被称为"雌变雄"。

1. 性别转变过程

黄鳝的性别转变通常发生在初次性成熟后。最初为雌性的黄鳝会经历一系列的生理和行为变化，进而转变为雄性。这个转变过程通常涉及内部生殖器官的退化和外部性征的改变。

2. 社会环境和群体影响

黄鳝的性逆转往往与社会环境、群体结构和竞争压力有关。当群体中的雄性数量不足或缺乏领地时，一些雌性黄鳝可能会触发性别转变，以填补雄性空缺并获得更好的生存和繁殖机会。

3. 雄性特征和功能

性逆转后的黄鳝会展现出雄性特征和功能。它们的体形可能变大，鳍和颜色会发生变化。此外，它们还能够产生精子进行受精，并参与到繁殖行为中。值得注意的是，性逆转在不同的黄鳝物种和环境条件下可能表现出不同的特点。尽管性逆转现象在黄鳝中较为常见，但并非所有个体都会发生性别转变。该现象仍然是一个活跃的科学研究领域，对于理解性别发育和社会行为具有重要意义。

4. 性逆转与黄鳝的年冬龄和生长有关

一般在 2 冬龄以前为雌性，3 冬龄黄鳝中的雌性占 60%，到达 4

冬龄时雌性占 30% 左右，而 6 冬龄时就全部转为雄性。

四、黄鳝的繁殖习性

黄鳝每年只繁殖 1 次，而且产卵周期较长，一般每年 5~8 月是黄鳝的繁殖季节，繁殖盛期在 6~7 月，而且随气温的高低而波动，可以提前也可以推迟。繁殖季节到来之前，亲鳝先打繁殖洞，繁殖洞一般在田埂边，洞口通常开于田埂的隐蔽处，洞口下缘 2/3 浸于水中。繁殖洞分前洞和后洞，前洞用于产卵，后洞较细长，洞口进去约 10cm 处比较宽广，洞的上下距离约 5cm，左右距离约 10cm。黄鳝生殖群体在整个生殖时期是雌多于雄。生殖期前雄鳝占多数，其中 2 月雄鳝最多可达到 91.3%，8 月雄鳝逐渐减少到 38.3%，雌雄比例为 0.6：1。8 月之后多数雌鳝产过卵后性腺逐渐逆转，9~12 月雌雄鳝约各占 50%。自然界中黄鳝的繁殖，多属于子代与亲代的配对，也不排除与前两代雄鳝配对的可能性，但在没有雄鳝存在的情况下，同批黄鳝中就会有少部分雌鳝繁殖后代，这是黄鳝有别于其他鱼类的特殊之处。

性成熟的雌鳝腹部膨大，体呈橘红色，部分个体呈灰黄色，并有一条红色横线。产卵前，雌雄亲鳝吐泡筑巢，然后将卵产于洞顶部掉下的草根上面，受精卵和泡沫一起漂浮在洞内。受精卵呈黄色或橘黄色，半透明，卵径一般为 2~4mm。雄亲鳝有护卵的习性，一般要守护到鳝苗的卵黄囊消失为止。这时即使雄鳝受到惊动也不远离，而雌亲鳝一般产过卵后就离开繁殖洞。黄鳝卵从受精到出仔鳝一般在 30℃ 左右水温中需要 5~7 天，长则达 9~11 天，并要求水温稳定，自然界中黄鳝的受精率和孵化率为 95%~100%。

第三章　黄鳝的繁殖

第一节　黄鳝的繁殖特性

黄鳝是一种常见的淡水鱼类，其繁殖特性与其他鱼类有所不同。黄鳝是雌雄异体生殖，即有雄性和雌性两种生殖器官。黄鳝的繁殖方式主要有两种，分别是自然繁殖和人工繁殖。

一、繁殖季节与环境条件

黄鳝的繁殖季节通常是在春季和夏季。这段时间水温升高，环境适宜，有利于黄鳝的繁殖和幼鱼的生长。不同地区的具体繁殖季节不尽相同，在自然条件下一年产卵1次，其产卵季节因各地水温的不同而差异很大，一般南方较北方显著提前，且因不同个体性成熟阶段不一致，产卵期持续时间较长。在珠江水域，黄鳝一般在每年4~7月产卵，在5~6月达到高峰期；在长江中下游地区，于5月下旬至8月下旬产卵，在6月上旬至7月上旬达到高峰期；在黄河以北地区，繁殖集中在6~9月，7~8月达到高峰期。根据温度的高低，产卵期可提前或推迟。一般当水温在20℃以上时开始交配产卵。产卵一般在夜间进行，尤以午夜12时至凌晨4时较多。

黄鳝的产卵场所经常选在其所栖息水域岸边的繁殖洞附近，或者水生植物繁茂的地方，有时也容易产在挺水植物或被水淹没的乱石块间。繁殖产卵前亲鳝（多为雌性）先钻繁殖洞。繁殖洞与平时穴居的洞不同，其结构较复杂，可分前洞、后洞、岔洞，洞口有2~3个，通常开在土埂的隐蔽处，洞口下缘浸于水中。前洞产卵处较宽阔，洞口高4~5cm、宽10cm左右。后洞较细长，深度不一，一般为亲鳝体长的 2~3 倍。黄鳝对水质要求较高，适宜的水质条件包括水温适中、pH 在 6.5~8.5、氧气充足等。黄鳝的繁殖需要适宜的水温，一般在 20~30℃，过低或过高的水温都会对繁殖产生不利影响。黄鳝的繁殖也需要有足够的食物供应，包括浮游生物、小型水生昆虫等。食物丰富的水域有利于黄鳝的繁殖成功。黄鳝的繁殖过程还受到许多环境因素的影响，为了保护和促进黄鳝的繁殖，合理管理和保护水域环境十分重要。

二、性逆转

1942 年，刘健康首次报道了黄鳝存在性转变的现象。黄鳝从胚胎期到性成熟期都是雌性，一般雌性性成熟到产卵后，卵细胞会败育，卵巢也逐渐退化，同时，分布于生殖褶上的原始精原细胞开始生长发育，形成精小囊。此时残留的雌性生殖细胞与发育的雄性生殖细胞共同存在于生殖囊腔内，为雌雄间性发育阶段，然后向雄性过渡，这一发育过程是单向的，即发生性变化后不再由雄性个体逆反为雌性个体。

据实验观察，黄鳝性逆转的过程可分为 4 个阶段：体长在 25cm以下的个体大部分为雌性，此时称为主雌性阶段；一般在产卵之后开始逆转，当体长在 25~36cm 时，仍以雌性个体为主，但其中也有不少的雄性，此时称为偏雌性阶段；当体长在 36~38cm 时，雌雄个体几乎相等，当体长在 40~50cm 时，主要以雄性个体为主，但也有雌性个体，此时称为偏雄性阶段；当体长达 55cm 以上时，大部分为雄性个体，此时称为主雄性阶段。

三、雌雄性比

黄鳝的雌雄性比在整个生殖时期都是雌性多于雄性，且性比随年龄与季节的变化而变动。据采样观察显示，1 龄黄鳝雌雄之比为7.33∶1，2 龄黄鳝为 3∶1，3 龄黄鳝为 0.88∶1，4 龄黄鳝为 0.34∶1，5~6 龄黄鳝中还有 20%~30% 的雌性个体。在 5~6 月的繁殖早期，雌性比例最高，到 8 月后，雌性比例下降。这是因为在 7~8 月多数雌鳝产卵后，卵巢退化，精囊形成之故。

在自然界中，黄鳝的繁殖多属于子代与亲代的配对，也有与前两代雄性个体配对的。从整个黄鳝种族来说，每年都有一批雌鳝出生和产卵，之后雌鳝又全部变成雄鳝，雄鳝再与下一子代雌鳝交配繁殖，如此一代又一代地繁衍。但当生殖群体中缺乏雄性个体时，同批黄鳝中会有少数雌体提前性逆转为雄体，再与同批雌鳝配对繁殖后代，这是黄鳝有别于其他鱼类的独特之处。在黄鳝中见到的这种性逆转与性比分化的特点，是由品种固有的生物学特性所制约的，可认为是从其雌雄同体转变为雌雄异体过程中出现的一种发育不完全的雌雄同体，是在条件急剧改变时有助于保持其种群数量平衡的一种适应性。

四、繁殖力

繁殖力可用来表示鱼体的个体生殖力（即一尾雌鱼在产卵前的成熟卵粒数），可分为绝对怀卵量和相对怀卵量。绝对怀卵量是指每尾雌鱼在一个生殖季节中卵巢所怀的成熟卵总数。黄鳝一般为 2 龄性成熟，性成熟最小年龄为 1 冬龄，体长 20cm，体重 18g 左右。其绝对怀卵量较小，一般为 300~800 粒，少的不到 100 粒，最多为 1390 粒。个体绝对怀卵量随个体大小、营养条件与栖息水域环境不同而异。全长 20~25cm 时怀卵量以 100 粒左右居多，全长 50cm 左右时为 500~1000 粒。相对怀卵量是指每尾雌鱼在一个生殖季节中，单体体重或单体体长所具有的卵粒数。黄鳝个体相对怀卵量为 5.5~18.2 粒/g 体重，平均每克黄鳝体重为 10.3 粒。

黄鳝不会将成熟的卵一次性全部产出，只能产出怀卵量的 1/2 左右。据浙江大学舒妙安等统计，每窝产卵量一般为 70~650 粒，大多为 110~350 粒。体长 23~25cm 的黄鳝产卵量为 113~190 粒，体长 34~38cm 的产卵量为 232~385 粒，体长 43~52cm 的产卵量为 465~645 粒。

五、交配产卵与孵化

黄鳝每年只繁殖 1 次，产卵周期很长。黄鳝是体外受精的，雄鳝会在繁殖季节通过追逐、争斗或舞蹈来吸引雌鳝。雄鳝会将精子释放到水中，雌鳝则会通过泳动将精子吸入体内完成受精。受精后，雌鳝会在合适的场所选择合适的底质，如沙床、泥底或草丛等，用来产卵。每只雌鳝会产下数百到数千个卵。产卵完毕后，雌鳝离开，不参与孵化过程。繁殖之前，亲鳝先钻洞，称为繁殖洞。繁殖洞与居住洞有所不同，繁殖洞一般在田埂边，洞口通常开在田埂隐蔽处，洞口下缘没在水中。产卵前，亲鳝吐出特殊的筑巢泡沫，此泡沫的气泡虽然细小，但由于是借助口腔中的黏液形成的，因此不易破碎，气泡巢往往借助草类的隐蔽固定而产卵受精。通常受精卵借助泡沫的浮力漂浮在洞口上的水面，从而完成胚胎的发育过程。黄鳝受精卵孵化的适宜温度是 21~28°C，因此在 30°C 左右的水温中需要孵化 5~7 天，在 25°C 左右的水温中需要孵化 9~11 天。孵化期根据水温和其他环境因素的影响而有所不同，一般在 10~20 天。孵化过程中，卵会逐渐发育成为幼鳝。幼鳝会通过吸取卵黄囊中的营养而生长，直到能够独立摄食。孵化后的幼鳝通常会聚集在一起，形成鱼群。合适的环境条件对于成功繁殖和幼鳝的生存至关重要。

六、性腺发育分期和生殖周期

1. 卵巢发育分期

Ⅰ期：卵巢白色、透明、细长，肉眼不见卵粒，尚不能区别雌雄。黄鳝体长 6cm 左右时，可见到该期卵巢。

Ⅱ期：卵巢仍为白色、透明，但比Ⅰ期粗，肉眼看不到卵粒，体长 15cm 左右的黄鳝体内可以见到该期卵巢。

Ⅲ期：卵巢淡黄色，肉眼可以见到卵粒。此时黄鳝体长可达 15~25cm。

Ⅳ期：卵巢明显粗大，卵粒明显增大，大小不一，颜色由淡黄色转为橘黄色。此时黄鳝体长为 15~20cm，少数可达 40cm 以上。

Ⅴ期：卵巢粗大，其中充满橘黄色圆形卵粒，粒内充满排列致密的卵黄球，卵粒在卵巢内呈游离状，此时卵已成熟。

Ⅵ期：成熟卵已排出，卵巢内尚留有未成熟的卵粒，母细胞开始退化，卵黄颗粒胶液化，卵膜上产生皱褶、断裂，与滤泡区脱离，滤泡膜增厚。

2. 精巢发育分期

Ⅰ期：精巢呈透明细线状，肉眼不能区别雌雄。性腺有 1 对曲折的生殖褶，其中分布着一些精原细胞。由于黄鳝性逆转是由雌性变性而来，精原细胞一般在卵巢的生殖褶内形成。

Ⅱ期：生殖褶内精原细胞增多并成团，形成精小叶，精小叶无腔，结缔组织明显，出现初级精母细胞。

Ⅲ期：外观精巢已变粗。

Ⅳ期：外观精巢较粗，呈乳白色。

Ⅴ期：外观精巢呈乳白色，轻压腹部，精子就由生殖孔流出，此时精子已成熟。

Ⅵ期：大部分精子已排出，小叶腔中残留少量精子。外观精巢呈透明带状，松散，含有少量精子。

3. 生殖周期

黄鳝生殖细胞的发育、成熟产出等过程都有严格的周期性，这种周期性是黄鳝在其种群发展过程中固定下来的一种适应性，黄鳝的性周期一般 1 龄就达到性成熟，第 1 次性成熟个体绝大多数为雌性。产卵之后，大部分性逆转，第 2 年变为雄性个体，之后终生为雄性。生殖周期一般每年重复 1 次。

第二节　黄鳝的自然繁殖

在自然条件下，繁殖季节中黄鳝在整个生殖时期是雌鳝多于雄鳝的。7 月前雌鳝占多数，8 月后因多数雌鳝产卵后性腺逐渐发生逆变，9~12 月时雌雄鳝约各占一半。

野生状态下的自然繁殖，基本上是子代与亲代相配，也有少量是子代与前两代雄鳝相配。如果雌鳝没有找到配偶，一般是不会产卵的。如果成熟后长达半个月仍然未找到配偶，或者气温降低，丧失了孵化的条件，雌鳝就不再产卵，所怀卵粒将全部被自身吸收，这类雌鳝将在第 2 年繁殖期的前期产卵。黄鳝的繁殖期为 5~8 月，繁殖盛期是 6~7 月。但随着天气的变化，亲鳝也可以提前或推迟产卵。当雌鳝所怀卵粒发育到游离状态时，雌鳝腹部便呈现半透明的桃红色。此时雌鳝表现极为不安，常出洞寻找异性。一旦发现有雄鳝跟踪，便转头相迎，一起回洞筑巢。

黄鳝有穴居的习性，繁殖时在洞穴中产卵，但繁殖洞不同于一般的居住洞，具有"隐蔽、护卵、防沉、供氧"等作用。繁殖洞穴具有以下特点：繁殖洞一般建于被草丛遮盖很隐蔽的田坎处。洞口靠近水面或水面上方，少数洞穴打在稻田中。每个洞有 2~5 个洞口，可分头洞、尾洞和支洞。头洞口的直径为 3.5~5.5cm，尾洞口的直径为 2.0~2.5cm。头、尾洞口一般相距 30cm，洞口之间由通道横向贯连，通道总长 80~240cm。通道距地面约 10cm。洞壁光滑，通道平面图形大多为 Y 型或 V 型，少数为 U 型或一字型。另外，每个洞穴的头洞通道内都有一个直径 5.0~12cm 的球状膨大部分，此处为产卵室。该产卵室一般距头洞口 6~15cm，是黄鳝繁殖洞穴特有的构造。这个部位有泡沫包围的卵或刚孵出的仔鳝。尾洞口的直径、洞穴（通道）的长度与该洞内守洞鳝的体重密切相关，因而根据洞口的大小可以大体判断黄鳝的大小。

亲鳝的自然产卵特征首先为建立繁殖洞，如繁殖洞建成，则说明在 3 天左右即可吐泡沫。接着出现泡沫，一旦发现繁殖洞内布满泡沫，就说明 1 天左右开始产卵。产卵前，亲鳝吐泡沫筑巢，所吐出的泡沫具有一定的黏性，雌鳝会将卵粒产在泡沫上。每窝的产卵量不等，一般在 100~300 粒，这与雌鳝的怀卵量成正比。由于刚产出的卵稍有黏性，所以很容易被泡沫黏附，加上精液的悬浮作用，卵粒很快被悬浮于泡沫之下。一旦卵粒吸水膨胀，即使卵粒完全失去了黏性，也不会落入水底。雄鳝射精非常及时，在雌鳝刚产出数粒卵时即开始射精，并准确无误地射向卵粒，将卵粒托住，并与泡沫黏合在一起。雌鳝产完卵之后，即离开繁殖洞。

在产卵和孵卵期间，会不断地形成许多细小致密、成堆成团的泡沫包围在卵的周围。洞内有水时，受精卵随泡沫悬浮于产卵室的上部；无水或少水时，泡沫都覆盖在卵的周围。泡沫存在的时间与受精卵出膜的时间呈正相关。泡沫的存在使受精卵免除了外界水位变化带来的威胁，始终处于具有一定水分并富含氧气的环境中正常发育。

从排出卵粒受精到孵出仔鳝的时间具有较大的差异，在一般自然条件下，水温为 25~31℃时，5~7 天即可孵出；水温为 18~25℃时，8~11 天即可孵出；超过 11 天仍未孵出，将不会再孵出仔鳝。孵化时间的长短，除了与水温有关外，还与溶氧量有关。如果水体溶氧充足 [溶解氧含量（DO）大于 2mg/L]，那么在孵化时间内，仔鳝发育正常。黄鳝胚胎发育的最适温度是 25~28℃，因此孵化时需要确保水温稳定，一般自然界中黄鳝的受精率和孵化率可达到 95%。

黄鳝胚胎发育过程中，具有不同于其他鱼类的特点：①胚胎发育时间长，一般需要 5~11 天；②出膜时间不一，先后相差约 48h；③出膜后的仔鳝个体大（体长 12~13mm），对环境耐受力强；④在胚胎期形成的胸鳍，能够不断地扇动，在出膜后逐渐退化。

在野外，黄鳝卵从产出到孵化直至仔鳝的卵黄囊消失以前，都会得到亲鳝的保护，亲鳝有护卵的习性。在天然水域中，雄鳝在泡沫巢上排精后，亲鳝会守护仔鳝出膜直至仔鳝的卵黄囊消失、能自主游泳摄食为止。亲鳝隐藏在通道内，看护着卵粒，护卵结束后即离洞而去。一般守洞鳝多为雄鳝（占 61.3%），少数为兼性偏雄性鳝（占 38.7%）。据观察，守洞鳝夜间 1~2 点全在外活动，其他时间很少见到守洞鳝出洞活动。在此期间，即使守洞鳝受到惊动也不远离，甚至还会奋起攻击来犯者，将其赶出洞穴外，10min 后又会回到原洞穴。

第三节　黄鳝的人工繁殖

黄鳝常见的繁殖方式主要包括自然繁殖、半人工繁殖以及人工繁殖。自然繁殖状态对场地要求很严格，而且繁殖时间略长，效率不高，无法满足规模化生产需求。另外，半人工繁殖需要采用人工注射等形式来实现黄鳝的催熟和催产，诱导雌雄黄鳝在自然生态环境下自行交配和繁殖。该种方式在浅水状态下无法实现，只能通过无土繁殖实现。因此，在人工繁殖过程中，研究人员需要对各种注意事项进行了解，通过科学有效的手段，提升黄鳝的繁殖数量和产量，选择合适的养殖场地，并做好自然繁殖生态条件的模拟工作。

一、全人工繁殖

1. 亲鳝选择

亲鳝的鉴别可以个体大小为标准，小黄鳝多为雌性，大黄鳝多为雄性。形态和色泽均有不同，雌鳝头部细小，不隆起，吻呈圆形，尾巴粗。体背呈青褐色，无色斑或微显 3 条平行的褐色素斑点，色素细密、分布均匀。腹部呈浅黄色或淡青色，腹部两侧饱满，腹壁较薄、微透明，可观察到 7~10cm 长的橘黄色卵巢轮廓，生殖孔明显凸起。雄鳝头部稍大、微隆起，吻尖，尾巴尖。全身均匀分布有豹皮状的斑点或斑纹，背部一般有 3 条平行的褐色素斑点，体侧沿中线各有 1 行色素带。腹部呈土黄色，腹部两侧凹陷，腹壁较厚，不透明。

选择雌鳝时以体重 150~250g 为佳。成熟的雌鳝腹部饱满、膨大，呈纺锤形，有 1 条紫红色的横条纹透明带，从体外可见卵巢和卵粒的轮廓。泄殖孔红肿突出。用手抚摸腹部感觉柔软且有弹性。选择雄鳝时以体重 200~500g 为佳。成熟的雄鳝腹部较小、两侧凹陷，有血丝状的红色斑纹。泄殖孔红肿但不突出，用手挤压腹部有少量白色透明的精液流出。

选择亲鳝要求体质健壮，无重伤。需要将选好的亲鳝雌、雄分开，等待催产。

2. 催产

我国南北各地气候温差较大，催产季节也有所不同。在长江中下游地区：自然环境中黄鳝的繁殖期为 5~8 月；人工催产一般从 5 月下旬开始，适宜催产的时期为 6 月上旬至 7 月中旬，适宜催产的水温为 22~28℃。

黄鳝的人工繁殖常用的催产剂主要有促黄体素释放激素类似物（LHRH-A$_2$）、人绒毛膜促性腺激素（HCG）和多巴胺拮抗物——地欧酮（DOM）等。催产剂使用的剂量依亲鳝的个体大小而定，个体较大的黄鳝可适当增加剂量。一般情况下，促黄体素释放激素类似物的注射剂量为 0.1~0.5μg/g，最适为 0.3μg/g；人绒毛膜促性腺激素的注射剂量为 1~4IU/g，最适为 2~3IU/g；地欧酮为 1mg/kg。雄亲鳝的使用剂量一般为雌亲鳝剂量的 1/3~1/2。注射剂量还应根据亲鳝的成熟度、水温等控制。注射可分为腹腔注射和肌肉注射。腹腔注射时，将针头向黄鳝头部约与鱼体轴呈 45°角的方向，刺入体腔深约 0.5cm，然后慢慢注入预计数量的注射液。注射完毕，立即拔出针头，将亲鳝放入小型水泥产卵池或网箱中。一般腹腔注射效应较快，生产中采用较多。

当温度为 21~23℃时，采用一次注射促黄体素释放激素类似物的效应时间为 83~160h（正常为 112~133h）；注射人绒毛膜促性腺激素的效应时间为 96~197h（正常为 146~172h）。

3. 人工授精

经人工催产的黄鳝，一般多采用人工采卵的方法进行人工授精获得受精卵。将催产后的亲鳝放置于水池中的网箱内，待亲鳝发情后，定期检查雄鳝的卵巢发育情况，对已排卵的雌鳝进行人工授精。

在水温为 25~27℃的条件下，一般注射催产剂之后 40~50h 达到效应时间，因此在 40h 后即可进行雌体排卵检查，每隔 3h 检查 1次。检查时，将亲鳝捕起，用手握住雌鳝，触摸其腹部，由前向后移动，如感到卵粒分散、游离，或轻压腹部有卵粒流出，表明已开始排卵，应立即进行人工采卵和授精。

人工采卵时要捞起已开始排卵的雌鳝，用干毛巾抹干腹部的水分后，轻轻包握住黄鳝体的前部，使生殖孔对准脸盆，用手由胸部向后轻压至腹部两侧，使成熟的卵粒流入洗净擦干的脸盆中，连续挤压 3~4 次，直至挤完为止。如果出现泄殖孔堵塞现象，可用小剪刀插进泄殖孔，向内剪开 5mm 左右的小口，然后挤卵粒，即可较顺利地挤出。

授精时用同样的方法立即向盆内挤入雄鳝精液。如若挤不出精液，应杀鱼取出精巢，用剪刀将精巢剪碎或用研钵碾碎成浆。用生理盐水进行稀释，一般 1 尾雄鳝的精巢可加 15mL 的生理盐水稀释。然后将稀释后的精液倒在采集出的黄鳝卵上，人工授精的雌、雄比例一般为（3~5）：1。用羽毛轻轻搅拌精、卵约 2min，使之充分混合均匀，再静置 2~3min，然后加清水反复清洗受精卵，去除精液以及碎片和血污，即可将受精卵放入孵化器中孵化。

4. 控温孵化

将受精卵置于专门的孵化桶内进行人工控制的孵化。孵化桶内的流水孵化设施由白铁皮、塑料或钢筋水泥制成，呈漏斗状。在桶底部开洞，正中装一内径为 2~2.5cm 的进水管，上部有用筛绢或尼龙布制成的滤水桶罩，下部有铁制或木制的支架。水流从容器底部注入，由顶部溢出，使卵粒始终被微流水冲起，悬浮其间，而不至于下沉水底，以保证充足的溶氧量和良好的水质。水流速度不要太快，以黄鳝卵能在桶内刚浮起即下沉（不沉到底部）为宜。若水流冲击卵的过程中使其始终在水面翻腾，说明水流过大；若卵在桶（缸）中不能浮出水面，说明水流过小。桶体的容水量一般为 200~250L，放卵密度以 20 万~25 万粒为宜。此法轻便灵活，能够保持水质清新，溶解氧充足，放卵数也较多，孵化率高，适合规模化的生产孵化。

5. 孵化管理

注意水质变化，定期加换新水，保持水质的卫生和溶解氧充足是孵化成功的关键。要求孵化时用水清新、无污染，溶氧量在 6~8mg/L 为宜。孵化过程中一定要保持水中有足够的溶氧量。应当及时抽换污水或者使水源保持流动。在封闭式的水体或容器中孵化时，应每天换水 1~2 次。需及时清除孵化容器内的污物，防止水质腐败造成缺氧，避免受精卵窒息夭折。

开始孵化前要对孵化设施进行检查，确保孵化器的进、排水系统完善，滤水纱窗无缝隙、无破损，防止漏卵逃苗。在受精卵孵化期间，要经常用软毛刷轻轻洗刷孵化桶的滤网，维持其良好的滤水性能；当仔鳝大量出膜时，应及时清洗过滤网上的卵膜与污物，以免筛孔被卵膜堵塞，影响水流速度，以防水位上涨而泄卵逃苗。

黄鳝受精卵的孵化适宜温度为 $21\sim28℃$。在整个孵化期间，要保持水温相对稳定，防止发生水温急升骤降的现象，短时间内水温变化不要超过 $3℃$。换水时，要注意换水前后的温差应在 $2\sim3℃$，以免胚胎发育畸形，降低孵化率。

孵化用具需要严格消毒，受精卵放入孵化器之前要进行药浴，一般用 $20mg/L$ 高锰酸钾溶液浸泡 $15\sim30min$。孵化时用的水最好在蓄水池内消毒后再注入孵化器具。放卵密度要适当，防止卵粒堆积和挤压。要及时剔除未受精的卵和腐败发白的死卵，因为受精卵在孵化过程中的崩解容易使水质恶化，并感染水霉菌，因此最好在孵化器中适当地加入抗生素以防细菌滋生。孵化期间，一旦部分卵粒感染水霉菌，要立即用高锰酸钾溶液浸泡鱼卵，连用 2 次。孵化期间进水或换水时要用密眼筛绢过滤，防止敌害生物和大型浮游动物如剑水蚤、小鱼虾进入孵化器危害受精卵。

二、半人工繁殖

黄鳝半人工繁殖是指人工收集黄鳝后自然产出的卵通过人工孵出鳝苗的培育方式而获得黄鳝苗种的方法。目前黄鳝的半人工繁殖多采用的是人工选择亲鳝，一般将亲鳝适时放入繁殖池，采用配合饲料和活饵结合投喂，并利用药物尤其是中草药对亲鳝进行催熟催产，使其自然产卵受精后及时捞出进行人工孵化，以实现鳝苗的大规模繁殖。

1. 繁殖池的建设和改造

亲鳝繁殖产卵的场所选用水泥池，以背风向阳处为宜，一般选在靠近水源、水质良好、排灌与管理方便处。池面积根据人工繁殖的规模而定，宜小不宜大，一般为 $10\sim20m^2$，池深以 $1m$ 左右为好。池底用黄土、沙和石灰混合夯实后，铺上 $20\sim30cm$ 厚的较松软土壤或稻田黏土，池底应有一定的起伏，不要过于平坦，利于黄鳝打洞穴居。池水深度保持在 20~30cm，池壁需高出水面 20cm 以上，进、排水口要用 20 目铁栅栏或密网布拦住。另外，新建的水泥池得放满水，浸泡数日"脱碱"，然后放掉池水，再放入干净的水备用。

在繁殖池水面投放适量洗净的水生漂浮植物，如水葫芦（又名凤眼莲、水浮莲）、水花生等，起遮阴隐藏、夏季降温和改善水质的作用。也可事先在池埂周围种植阔叶水生植物，为黄鳝的栖息生长创造适宜条件。

2. 亲鳝的选择和培育

供人工繁殖用的亲鳝有 3 种来源：一是从稻田、沟渠和湖泊等天然水域中用黄鳝笼或其他定置网捕捞达性成熟年龄的野生黄鳝，移养于池中进行强化培育。夏、秋季节均可捕捞。夏季捕捉的黄鳝入池养殖，适应期较长，饵料来源广，鲜活饵料多，有利于性腺充分发育。但夏季水温高，在捕捉和运输过程中，黄鳝常因剧烈挣扎而受伤。晚秋捕捉的黄鳝较少受伤，但放入养殖池后，冬季很快来临，适应与摄食时间短，此时野外食物也供应不足，黄鳝常处于半饥饿状态，性腺发育不好，会给催产带来不利影响。捕捞野生黄鳝做亲鳝，最好是当天捕捞、当天选留、当天放入亲鳝池中。二是从农贸市场上选购性成熟的黄鳝，以 3 月中旬至 5 月上旬收集为宜。选择的黄鳝要求体色鲜艳、有光泽、无伤痕，口内有钩钓伤痕的不能用。三是养殖者自己培育，在池中直接由鳝种养成成鳝，再从成鳝池中挑选达到性成熟的雌鳝和完成性逆转的雄鳝。

从野外捕捞和市场上选购的亲鳝，可避免黄鳝的近亲繁殖，但野生个体当年引种繁殖，产卵效果较差。因此，有条件的地方最好自养自繁、逐年储备、逐年选留，培育优质亲鳝，以保障黄鳝的数量和质量，而且不会带入新的传染病病原。

从成鳝养殖池中选择体格健壮、有光泽的个体作为亲鳝，亲鳝的选择要求体质健壮、个体较大、无病无伤、游动活泼。雌鳝一般选择体重在 65~140g，雄鳝一般选择体重在 200g 以上，雌雄的配比按体重比 1∶1 或者按尾数比 3∶1 来选择。

亲鳝放养前用 3%~4% 的食盐水浸洗 4~5min 进行消毒，这对防治水霉病较为有效，并且可以消除亲鳝体表的寄生虫。亲鳝放养密度一般为雌鳝 7 条/m²、雄鳝 2~3 条/m²，同时需要经常换水，饵料的投喂以动物性饵料为主，最好是活蚯蚓和蝇蛆。

3. 催情

催产前准备繁殖池和催产工具，繁殖池是供注射药物后的亲鳝发情筑巢产卵的池。可用水泥池或网箱等，其内放一定量的水葫芦、人工鱼巢（如扎成排的棕片）或聚乙烯管，为黄鳝提供隐蔽的产卵场所。催产工具包括小拉网、注射器、剪刀、镊子、量筒、天平、消毒锅、温度计、汤匙、白搪瓷盆、解剖盘、毛巾、羽毛、记录表等。

在催产初期，应先选择性腺成熟最好的亲鳝催产。在催产中期，大部分亲鳝都已成熟，可适当放宽选择条件，雌鳝只要腹部稍膨大、松软，即可选用。选择时还要求亲鳝体质健壮，无重伤。将选好的亲雌、雄鳝分开，等待催产。

选择催产剂的种类和剂量与人工繁殖的相同。一般情况下，采用促黄体素释放激素类似物（LHRH-A₂），剂量按体重的 0.3μg/g 较好，一次注射，效果较佳；雄鳝注射剂量减半。如果采用人绒毛膜促性腺激素（HCG），剂量按体重的 2~3IU/g 较好。15~50g 的雌鳝一般注射 LHRH-A₂ 剂量为每尾 5~10μg；HCG 剂量为每尾 30~100IU。60~250g 重的雌鳝注射 LHRH-A₂ 每尾 15~40μg；注射 HCG 每尾 100~500IU。上述剂量雄鳝都要减半。激素的配制方法和注射方法皆同人工繁殖一样。目前的技术水平仍以人工催产为佳。

注射剂量还应根据亲鳝的成熟度、水温等控制掌握。在催产早期（5月），水温较低或亲鳝成熟不够充分时，剂量可适当提高；在催产中期（6~7月），亲鳝成熟较好，激素具有明显诱导排卵的效果，剂量可适当降低；在繁殖后期（8月），因卵巢逐渐退化，对激素反应微弱，诱导排卵效果较差。一般采用一次性注射法（即将预定的有效催产剂量，一次性全部注入鱼体），可收到较好效果，减少亲鳝捕捞受伤机会、节约人力、减轻劳动强度。注射时间主要根据天气、水温、催产剂种类、效应时间以及操作方法来安排，以控制亲鳝在清晨产卵为宜，既符合鱼类自然产卵规律，又有利于工作的进行。

4. 产卵、授精和孵化

亲鳝注射催产剂至开始发情产卵所需的时间，称为效应时间。效应时间的长短与水温、催产剂种类、性腺成熟度等有密切关系，尤其与水温关系最为密切。水温是决定效应时间长短的主要因素，生产上常依水温推算效应时间。水温与效应时间呈负相关，水温高，效应时间短；水温低，效应时间长。一般水温在 27~30℃ 时，效应时间在 50h 以下；水温低于 27℃ 时，应时间在 50h 以上。

经催产的雌鳝，腹部明显变薄，生殖孔红肿并逐渐张开；黄鳝开始发情，吐泡沫筑巢，在第 3 天可开始产卵。由于鳝卵的比重大于水，在自然繁殖的情况下，黄鳝在产卵和孵化期间，会不断形成许多细小致密、成堆成团的泡沫包围在卵的周围。洞内有水时，受精卵随泡沫悬浮于产卵室的上部；无水或者缺少水时，泡沫覆盖在卵的周围，卵靠亲鳝吐出的泡沫浮于水面然后孵化出苗，因此当见到一些泡沫团状物漂浮在水面上时，应该及时用瓢或盛饭的勺子轻轻捞起，放在已经盛入新水的面盆或水桶中。

5. 孵化管理

在孵化期间，要求环境安静，尽量减少惊扰。繁殖池换水时切忌猛烈地灌水和冲水，而要通过细微的缓流或经常不断地掺水进行，以保持良好的水质。缓流水应首先通过鳝苗保护池，再缓慢地流入繁殖池，通过缓流的刺激，诱导鳝苗溯水而上进入保护池。若在饲养池中发现有新出的鳝苗，要把它诱集或捕捞起来，投入鳝苗池精心饲养。

第四章　黄鳝的苗种培育

刚孵化出的鳝苗的各种器官尚处在发育时期，特别是消化器官尚未发育成形，依靠吸收卵黄维持胚后生长发育，体长 6mm 左右，这一时期称为内营养期。经 2~3 天，各种器官逐步发育，最后消化器官基本形成，口、咽、食道和肠连通，肛门形成，但处于闭合状态，未向外开通；卵黄呈长流线体，仍然提供营养，但鳝苗已开口吞食小型浮游动物，如单细胞原生动物、轮虫等，是从内营养时期向外营养时期的过渡期，此时体长 8mm 左右。再发育 1 天后，卵黄吸收完毕，肛门打开，开始向外排出粪便，完全靠捕食浮游动物供给营养，除捕食轮虫外，随着生长发育逐渐捕食大型浮游动物，如秀体蚤和剑水蚤等，也吃煮熟的蛋黄粉。经 20 天培养，可长至体长 3cm 左右，除性腺尚未发育外，其他器官基本发育成形，身体结构与成体近似，有待在继续生长过程中逐步完善和壮大。人工高密度饲养条件下，当鳝苗长至 3cm 左右时，应当捕捞分养，转入种培养，否则因密度过大、食料不足，会导致水质污腐，不仅生长很慢，而且易生病。

鳝苗从胚前发育到胚后发育，直至开口捕食初期，在自然条件下，都集中停留在雌鳝洞口附近的水面上，在雄鳝的看守和保护下发育成长。在外营养中后期，随着捕食能力和游动能力的增强，才逐步远离亲本，自谋生路，沿岸寻找适宜的生活场所。此时鳝苗还不能掘洞穴居，一般栖息在岸边水草丛中或同泥鳅一样，隐藏在水下软泥层中。

苗种培育包括鳝苗和鳝种的培育，是黄鳝人工养殖成败的关键阶段。一般将刚出膜的仔鳝（全长 1.3~1.5cm）用专池经 15~20 天培育，育成 3.0~4.0cm 的幼鳝；再经一段时间的饲养，养至 15~

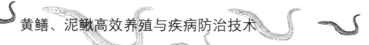

25cm 长、体重 10g 左右，供成鳝养殖用，以提高成活率。

第一节　鳝苗的培育

黄鳝苗种培育的关键技术包括放养苗种的选择、放养密度、分级放养、放养后的饲喂和日常管理等。

一、苗种的来源

鳝苗来源有三：一是采捕天然苗。在 5~9 月，于稻田、沟渠、湖泊、浅滩等杂草丛生的水域及成鳝养殖池内，寻找泡沫聚集的产卵巢，用瓢或桶等工具将受精卵连同泡沫捞取放入水温为 25~30℃ 的水体内孵化，以获得鳝苗。二是半人工繁殖。每年秋末，当水温降至 15℃ 以下时，从成鳝养殖池选择体黄色、斑纹大、体质强壮的个体，移入亲鳝池中越冬。翌年春天，当水温升至 15℃ 以上时，加强投喂活饵料，并密切注意亲鳝繁殖活动情况，发现泡沫孵化巢或鳝苗要及时捞取。三是从国家认可的黄鳝原（良）种场购买。

二、苗种的质量

培育用的鳝苗要求无伤病、无畸形、活动能力强、个体大小规格整齐、体较肥满、身体有光泽、游动活泼、质量好。反之，个体大小差异大、瘦弱无力、体色无光、行动呆滞或缺乏活动的劣质鳝苗不宜选用。在放苗进池之前要进行苗的选择：观察苗的逆水能力，能沿水中旋涡逆水游泳者质量较好，而无力抵抗被卷入旋涡者质量较差；也可通过观察顶风游泳的能力来选择，将鳝苗舀到白色瓷盆中，口吹水面，体质好的会顶风游泳，体弱者游动迟缓或卧伏水底；在无水状态下观察鳝苗的挣扎能力，将鳝苗舀到白瓷盆中，倒掉水后，体质好的不停滚动挣扎，体呈"S"形，体弱者无力挣扎，仅头尾部扭动；观察体表及肥满度，体质好的苗大小规格整齐、颜色鲜嫩、肥满匀称、游动活泼、体表无伤、无寄生虫，体质差者大小参差不一、体色无光、行动呆滞、体表有伤或有水霉寄生。

三、苗种选择

苗种的规格一般以 20～40 尾/kg 为宜，这种规格的苗种整齐，生命力强，放养后成活率高，增重快，产量高。

1. 黑仔苗选择

从产卵池或孵化池收集的鱼苗中挑选黑仔苗（卵黄囊消失，体色转黑褐色，能自由游动，主动开口摄食，体长 2.5～6cm 的鳝苗），要求鱼苗体色一致，体表无附着物，自由游动，能主动开口摄食，体长 3cm 以上，无伤残、畸形，健康无病。

2. 稚鳝选择

选择体长 6～10cm 的小黄鳝，体色一致，体表无附着物，游动活泼，快速躲藏，能主动摄食水生、陆生小动物，兼食植物性饵料，无伤残、畸形，无病健壮。

3. 幼鳝选择

选择体长 10cm 以上，体色鲜艳，外观已具成体的基本特征，食性与成鱼相同的小黄鳝；要求体表无附着物，游动活泼，快速躲藏，嗅觉灵敏，能主动搜寻、摄食动植物或配合饵料，无伤残、畸形，无病健壮。

四、苗种运输

苗种一般采用车辆运输。使用桶或盆和塑料袋、隐蔽物：先把塑料袋装入桶或盆，然后加水，再把苗种放入塑料袋，放置隐蔽物。运输前停料 1～2 天，以免运输过程中黄鳝排泄后影响水质；尽量缩短运输时间，一般在 12h 内完成运输。途中注意水温变化范围，不应超过 2℃；路遇下雨，应遮盖避雨。装卸苗种时要小心操作，严防损伤苗种。

五、培育池的准备

选建培育池的地址要求环境安静，避风向阳，水源充足、便利，水质良好，进排水方便。培育池的池底向排水口倾斜，以便于排污。

培育池内采用木条或塑料管材做框架，框架为立体形，长×宽的面积占培育池面积的 1/3 左右，高度依据培育池来确定，为 2~10cm；一般采用塑料网片（厚 1~1.5mm）做床板，网片网目依据苗种的规格而定，为 0.8~2cm。池内还应采用易清洗、无毒无味的塑料或不易腐败的水草充当隐蔽物，大小以能够遮盖住黄鳝为准。培育池要求水源充足，清新无污染，常年水温范围在 18~32℃，pH 5.5~6.8，溶解氧 3.5mg/L 以上，氨氮 0.8mg/L 以下，亚硝酸盐 0.05mg/L 以下。

在使用培育池前要调试进排水阀的灵敏度，检查是否漏水，测量进水流速，测定不同水深的池水所需的进水时间，调整隐蔽物的位置，保持培育池设施运行良好。同时要根据苗种的大小进水，进水后检测池水的水质状况，以供放养苗种后调控水温、水质作参考。

新建的水泥池必须经脱碱处理，待酸碱度近中性时再放苗。

放苗前 10~15 天，清整池塘，对老池须清除塘底的淤泥并修补塘埂漏洞，疏通进排水道，用生石灰清塘消毒，用量为 100~150g/m²，化成水后全洒，杀灭病菌、青蛙、蝌蚪及有害小杂鱼。生石灰清塘后 3 天，注入新水并施足基肥，基肥可用腐熟的畜禽类肥，施用量控制在 0.5kg/m² 左右，目的是培育浮游动物作为苗下池后的基础饵料。根据浮游生物的生长规律，基肥施用的时间应在放苗前一周。施得过早，苗入池时大型浮游动物繁殖高峰期已过；施得过迟，鳝苗入池时大型浮游动物繁殖高峰期尚未到来。过早和过迟都不利于苗下塘摄食。

六、鳝苗的放养

鳝苗卵黄囊消失后，先用煮熟的蛋黄在原孵化器中喂养 2~3 天，再放鳝苗于培育池中。

1. 放养选择

放养数量较多时，不可能逐一挑选，这样既耽搁时间，也易使鳝体不适及受伤，可采用下列方法选种。

（1）看水法：大量选购鳝苗时，要注意观察盛装鳝苗的容器中水的混浊情况，如果容器内是清水，说明这批鳝苗暂养时间过长，体质较差，不宜购进；反之，水浊则说明这批鳝苗暂养时间不长，体质比较强壮，可以选购。

（2）食盐浸选法：用 3%~5% 的食盐水进行挑选，4~5min 内身体有伤病的鳝苗会剧烈蹦跳，体质差的鳝苗会昏迷、软弱无力及身体变形，将这种鳝苗作为商品鱼处理，选择在盐水中正常活动的鳝苗进行放养。

（3）旋涡法：如放养规格较小或一次放养的数量不大时，可将鳝苗放入塑料盆中，加入半盆水，用手按一定的方向螺旋式划动，形成旋涡，体质差的鳝苗一般在旋涡的中间，体质好的鳝苗逆水能力强，在盆的边沿游动。去除中间的鳝苗，将边沿的鳝苗放养。

（4）深水加压法：在鱼桶内放半桶鳝苗，将水加满并盖上盖子，5~10min 后掀开盖子，观察桶内鳝苗活动情况，浮在水表层、头部伸出水面的为耐低氧性差、体质弱、患有伤病的鳝苗，予以剔除，沉入箱底的体质健壮的鳝苗可以放养。

2. 放养时间

鳝苗的放养最好在培育池施发酵肥后的 7~8 天进行，因为此时正值池中浮游动物（主要是轮虫和枝角类）出现的高峰期，鳝苗下池后能获得适口的饵料生物。鳝苗下池宜选择晴天上午 8~9 点或下午 4~5 点进行，不要在大晴天阳光强烈的中午放苗。

3. 放养密度

放养仔鳝时需要过数，以便准确地控制放养密度和总放养量。将经过暂养的、卵黄囊已消失、转入外营养期的仔鳝放入培育池中，一般水泥池的放养密度以 300~400 尾/m^2 为宜，有微流水时可放至 500 尾/m^2。

4. 放养鳝苗时的注意事项

第一，放苗前要试水。在鳝苗下池前一天，将培育池的水舀在水桶里，放入几尾鲜苗，24h 后若鳝苗活动正常，即可放苗下池；若鳝苗死亡，表明池内药物的毒力尚未消失，需要更换池水，待水质变好后再放苗下池。

第二，同一培育池应放养规格相近的鳝苗，切忌将不同出膜时间、不同大小的鳝苗同池混养。否则，鳝苗在生长过程中会出现大小相差悬殊的现象，相互残食，从而影响鳝苗的成活率。

第三，放苗时一定要注意，盛苗容器中的水温与育苗池池水的温差不能超过3℃。如果温差较大，应对水温进行调节。可将育苗池的水慢慢舀入盛苗容器内，直到水温接近时，方可把盛苗容器沉到池水中，将容器倾斜，缓慢拨动池水，让鳝苗随水流自然地游入池中。若为充氧塑料袋装运的鳝苗，应先将塑料袋放入培育池中搁置一会儿，待塑料袋内外的水温相近时，再解开袋口，让鳝苗缓慢地流入池中。

七、鳝苗的喂养

鳝苗孵出5~7天开始自行觅食，开口饵料最好是池中的天然饵料，即轮虫、枝角类、足类和水生昆虫等。若活饵不够，可用细纱布网捞取其他水域的活饵投进池中进行补充；也可用煮熟的蛋黄，以纱布包好浸在水中轻轻揉搓，鳝苗可取食蛋黄颗粒；也可投喂蚯蚓碎片及少量麦麸、米饭、瓜果和菜屑等。当鳝苗长到1.5cm时，可投喂刚孵出的体长0.8cm的家鱼苗。鳝苗不吃腐臭食物，因此要及时清除残饵。开始时于下午4~5点或傍晚投喂1次，以后逐日提前，10天后可于每天上午9点和下午2点准时投喂，投喂量为鳝苗体重的6%~8%，同时每天上下午各泼洒1次豆浆，作为培养池中的天然饵料。待鳝苗长到3cm进行第一次分养后，其摄食能力增强，可训练集群摄食，实行集中投喂或设食台投喂，投喂蚯蚓、蝇蛆、杂鱼肉浆及少量麦麸、米饭、瓜果和菜屑等，日投2次，上午8~9点和下午4~5点各1次，投喂量为鳝苗体重的8%~10%。第二次分养后可投喂大型蚯蚓、蝇蛆及其他动物性饵料，也可投喂配合饵料，鲜活饵料的日投喂量为鳝苗体重的6%~8%。当培育至11月中下旬时，体长一般可达15~25cm，体重达10~15g，达到鳝种的规格。

黄鳝苗种的好坏直接关系到成鳝产量的高低，所以必须认真搞好饲养管理，培育出体质健壮、规格整齐的优质黄鳝苗种。多年来，在黄鳝养殖的生产实践中，各地已因地制宜摸索出许多适合当地培育鳝苗的方法。

1. 肥料培育法

肥料法是采用人畜粪尿，经过沤熟施肥，以肥水来培育鳝苗。此方法成本低，操作方便，鳝苗入池后就有天然活饵料能够摄取，有利于生长发育。具体做法：在鳝苗入池前 2~3 天，每天投施经过腐熟的粪肥 1 次，每次投施畜粪 150~200g/m² 或者人粪尿 80~100g/m²，滤去粪渣后加水稀释，全池均匀泼洒。此方法也有一定的缺点：肥料在池中腐烂分解，容易污染水质，导致池水缺氧，不利于鳝苗生长发育，而且水质肥度不易掌握。

2. 豆浆培育法

用豆浆来喂养鳝苗，豆浆营养丰富，能满足鳝苗生长发育的需要，鳝苗吃剩的豆浆又可直接肥水，池水变肥较为稳定，便于掌握。此种方法育成的鳝种体质健壮，规格整齐。具体方法：将黄豆 1.2~1.5kg，用 25℃温水浸泡 5~7h，直到黄豆两瓣间空隙涨满，再加水 20~25kg 磨成浆。磨好的浆汁，用榨浆袋榨去豆渣，然后尽快泼浆喂鳝，以免时间过长，使浆汁悬浮在池中时间过长。泼洒豆浆时，要泼得"细如雾，匀如雨"，全池泼洒。同时需注意多在早晚投料，并采取少量多餐的方法，不宜一次过量。

3. 肥料和豆浆结合培育法

利用豆浆培育鳝苗，耗粮多，成本高，而且鳝苗入池的前几天缺少富于营养的活饵。为了取长补短，可采取豆浆与肥料相结合的培育方法。即鳝苗入池前 5~7 天，施粪肥 10~15g/m²，培育天然活饵料。鳝苗入池后几天内，每天喂豆浆 5~10g/m²，以弥补天然饵料的不足。而后施肥料 10~15g/m²，每隔 3~5 天施一次。如果鳝苗入池后水质不肥、饵料不足，可多投喂些豆浆；当池水较肥沃时，则停止泼洒豆浆。一旦池水变瘦，所投肥料不能及时给肥时或遇阴天、气温低肥料分解较缓慢时，应多喂些饲料。

4. 大草培育法

用大草培育鳝苗较为简单，在鳝苗入池前 5 天，按大草 150~

200g/m²、生石灰 10～15g/m² 配比搭配。做法：首先池底放 5cm 厚的淤泥，接着放 10cm 的大草，草上放上 1/3 深度的生石灰，然后 2～3 天翻动一次，残渣要及时清出池外。

5. 草浆培育法

草浆法不仅取饵方便，且可节约大量精料，降低生产成本。具体方法：采用易于消化的水草，如水花生、水葫芦、水浮莲等，打成草浆后加入 3% 的食盐，放置 8～12h 即可全池泼洒喂食鳝苗。草浆打得越细越好，加食盐的目的是去掉水花生中的皂甙，否则鳝苗不会摄食。

6. 苗饵分养培苗法

在鳝苗密度太大时，可采用苗、饵分养的方法，即苗池保持一定的肥瘦，在苗池以外开设饵料培养池，培养红虫（枝角类）、水蚯蚓、丰年虫等饵料生物。水蚯蚓是鳝苗最喜欢吃的东西，而且产量高，一亩水面可年产 2000～2500kg，能满足一亩鳝苗养殖的需要，且它们与鳝苗的生育期基本同步。丰年虫生长快，在 26～28℃ 的条件下 40～80h 即可孵出无节幼体投入使用，现市场上已有休眠卵出售，操作也很方便。红虫、轮虫可以单独培养，也可到红虫过剩的水体中捞取。将这些饵料生物从培养池按鳝苗饲喂的需要捞取，投入鳝苗培育池即可。

总之，无论采取哪种饲养方法，均要根据水的肥瘦、天气的好坏和鳝苗的活动情况，灵活掌握投饵施肥的数量和次数。随着鳝苗逐渐长大，可增投一些豆饼粉或细米糠等，也可适当放点浮萍或小浮萍。

八、鳝苗池的管理

苗种培育这一环节须"三分种七分管"。鳝苗幼小嫩弱，抵抗力不强，对不良的外界环境条件适应性差，因此只有加强培育，做好日常管理，才能提高鳝苗的成活率，培育体质健壮、规格整齐的黄鳝苗种。苗种培育中日常管理应重点注意如下工作。

每天要坚持早、中、晚巡池检查，观察鳝苗的摄食动态与活动情况，调整投喂量，及时清除剩饵和浮于水面的污物，每天在投喂前要检查和清理防逃设施，发现问题及时处理。还要查看水色，测量水温。

鳝苗喜水质肥活、清爽和溶氧丰富的环境，因此平时要注意水质管理，勤换水，保持水质的清新，池中的溶氧量不能低于 3mg/L。在春秋季节每 4~6 天换水 1 次，夏季每 2~3 天换水 1 次，每次换水只需换掉池水的 1/3~1/2，不必一次换得太多。换水时先排掉一部分旧水，然后注入新水，使培育池池水的水深保持在 8~15cm。注排水宜在晴天和水温较高时进行，换水的时间宜安排在傍晚前后，换水的水温差应控制在 3℃ 以内。

鳝苗培育的水温以 20~28℃ 为宜，最好将水温控制在 25~28℃。夏季高温时，露天池的池水增温很快，为防止水温过高，影响鳝苗的生活和摄食，当水温高于 30℃ 时，应采取一些防暑降温的措施。可在培育池上搭建遮阳棚、种植丝瓜等，或在培育池内放养占水面面积 1/2 的水葫芦等水生植物，同时不断向池中加注清凉的水。盛夏高温时，可将水体加深到 15~20cm，有条件的地方最好保持池中有微流水。

当天气由晴转雨或由雨转晴、气候闷热时，要防止缺氧泛池或苗种逃逸等情况发生。如果发现黄鳝将头伸出水面，为缺氧征兆，应及时加注新水，增加池中的溶氧量。要及时做好常见疾病的预防工作，鳝苗入池后，要全池泼洒消毒药物二溴海因（0.2~0.3g/m³）或二氧化氯（0.3g/m³），之后每 7 天泼洒 1 次。一旦发现黄鳝患病，要尽早治疗。

鳝苗培育与其他鱼苗培育的主要不同点是鳝苗培育过程中必须及时分养。这是由于在鳝苗培育过程中，刚下塘时放养密度较高，随着鳝苗逐渐长大，单位面积的载鱼量增加，加上黄鳝幼体中出现规格差距，若不及时进行分级养殖，会出现黄鳝相互残食的现象，会影响整个苗种培育的产量、效果。一般在苗种培育过程中必须进行 2 次分养。鳝苗下池经半个月饲养后，体长达 30mm 以上时，进行第一次分养，具体的操作方法为：在鳝苗集群摄食时，用密网布制作的小抄网将身体健壮、摄食活动力强的鳝苗捞出，放入新的培育池中。鳝苗经 1 个多月的养殖，体长达到 5.0~5.5cm 时，依照上法进行第二次分养，使池内的密度下降。以后可根据具体情况确定是否进行第三次分养。

九、出池

在精心饲养下，鳝苗生长快，当年 5~6 月产的第一批鳝苗，养到 11 月中下旬，一般可长至体长 15~20cm、体重 5~15g 甚至 20g 的鳝种，达到鳝种放养的规格，可分池转入食用黄鳝饲养阶段或进行鳝种越冬。

第二节　鳝种的培育

鳝种饲养方式与鳝苗培育方式基本相同，所不同的是，鳝种放养密度较稀、水流缓慢、需要补充投喂饵料等。

鳝苗长至 3cm 时，除性腺尚未发育外，其他各器官都已发育齐全，特别是消化器官进一步发育完善。苗在放入池中 20 天以内，仍然摄食浮游动物，同时也吃水蚯蚓和体长 0.8cm 的其他鱼苗。之后，随着鳝苗的生长，其游动能力和捕食能力日益增强，逐步转为捕食水蚯蚓、水生昆虫和鱼苗。到后期，如食料不足，鳝苗也吃人工配合饵料。

3cm 左右的鳝苗多在水草丛中或浅水底泥中活动、寻找食物，以后随着生长，逐步在浅水区底泥中掘洞穴居。

一、捆箱培育

1. 捆箱规格与设置

捆箱不宜过大，一般宽 0.9m、长 6m、高 0.7m，设置在面积 333~1000m²、水深 0.8m 和已经消毒的小池中。安装捆箱时，捆箱底入水深 0.4m，注意打好桩，用绳索拉紧，严防风浪袭击。捆箱内放一定数量的水草，供黄鳝栖息。

2. 放养密度

饲养鳝种，每平方米捆箱水面放 3～4cm 长的鳝种 500～800 尾。放养密度以较稀为好，以促进鳝种快速成长。

3. 投喂

鳝苗入箱后，除投喂大型浮游动物外，尚需投喂水蚯蚓和小鱼苗，以后可转为以投喂小鱼苗为主，最后可驯食，转为投喂具黏性的配合饲料或混合饲料。

4. 日常管理

每天坚持巡箱，观察黄鳝的摄食与活动情况，检查捆箱有无破损，每次投喂前应清洗捆箱，清除残饵和死苗种。黄鳝入捆箱后，要及时向箱内遍洒二氧化氯，用量为 5～10mg/L，以后每 7 天遍洒 1 次。在箱内水面投放少量的水浮莲等阔叶水生植物，供鳝苗隐蔽和遮荫。

由于使用捆箱饲养管理很不方便，培育鳝苗尚可，而培育鳝种因培育时间长达数月，现已较少采用。

二、水泥池饲养

水泥池饲养鳝种已相当普遍，也有用土池饲养鳝种的。两种养殖方法基本相同，只是水泥池易于捕捞。

1. 水泥池规格和要求

一般宽 3.5m、长 7m、深 0.8m，内空面积约 20m²。池底铺泥土 20cm，最好起宽 30cm、深 20cm 的直垄和直沟。每条垄上种植中稻或其他水生植物，形成稻田，用来遮荫、防止阳光直射。灌水深度以淹没垄面 3～5cm 为宜，这样鳝种可在垄面上栖息。

2. 放养密度

放养密度为 150～200 尾/m²，如每口池 20m²，可放养 3000～4000 尾。

3. 喂养方法

先喂浮游动物和水蚯蚓，随着鳝种生长再转喂小鱼苗和黏性配合饵料。注意定期加水，一般 1～2 天加换水 1 次。

三、水泥池循环流水培育

用水泥池循环流水养鳝，是一种防病养鳝新技术，适宜规模化、集约化养殖，具有防病效果好、成活率高、产量高的特点。其不仅可用于养鳝鱼苗种，也可用于养成鳝，只是需要建设生物饵料培养池（兼蓄水池）、鳝鱼培育池（水泥池）和尾水收集沉淀池及其进、排水管等设施。

1. 生物饵料培养池

其主要作用是为鳝苗培养活饵料，同时还可兼作蓄水池，也有利于对培育鳝苗用水的消毒。其要求养鳝水泥池和生物饵料培养池之比为 1∶1 或 1∶1.5。生物饵料培养池可用一般土池，要求地势较高，蓄水深 1m 左右，要设有纱窗网式过滤装置，要求纱窗网为 30~40 目。

2. 鳝鱼培育池（水泥池）

其规格为 3.5m×7m×0.8m，池内面积约 20m²。池的一端设置进水口，用管道与生物饵料培养池相通；另一端设置排水口，并加装过滤纱窗网，纱窗网为 60~80 目，以便循环流水，并将大型浮游动物留在池中供鳝苗食用。池底铺 10cm 泥沙土。鳝种培育池要保持微流水。

3. 尾水收集沉淀池

其可用面积 133~333m²、深 1.5m 的土池，设置在靠近蓄水池较低的位置。这样可将养鳝苗的水泥池排出的水收集起来再抽回蓄水池中，以将肥水和水中的浮游生物回收到蓄水池中再利用。

4. 放养密度

由于保持了微流水，放养密度可大一些，一般放养 3cm 长的苗的密度为 300~400 尾/m²，如每口池 20m²，可放养 6000~8000 条。

蓄水池在培养浮游动物时，还可培养"家鱼苗"作为鳝种的饵料鱼。一般每亩可放鱼苗 50 万~60 万尾。高密度放养旨在控制饵料鱼的生长，这样只要培养好饵料，就可间接养好鳝种。按这种新的养殖方法，到年底，鳝种可长到 15~20cm、体重 25g 左右。

第三节　鳝种的越冬

一、越冬前的准备

在冬天，当水温降至 12℃ 时，黄鳝停止摄食；当温度下降至 10℃ 以下时，黄鳝则进入越冬休眠状态。在自然条件下，黄鳝每年 11 月中下旬至翌年 2 月，会钻入深层泥土中越冬。越冬期间，黄鳝全靠自身积累的营养维持生命活动，因此需要在越冬前加强对黄鳝饵料的投喂，多投喂蚯蚓、蝇蛆、小鱼和螺肉等动物性优质饵料，使鳝种能够蓄积充足的养分，满足冬眠所需。另外，为了保证黄鳝在越冬期的安全，提高黄鳝在越冬期的成活率，还必须加强防寒措施。

二、越冬方法

人工养殖的鳝种可采用如下 3 种越冬方法。

1. 干池越冬

在黄鳝停止摄食后、上冻之前，将池水排干，待鳝种钻入池底的泥土后，在泥土的表面覆盖适量的农作物如秸秆、草包或麻袋等保温物，保持池底的底泥湿润不结冰，使黄鳝所栖息的土层温度在 0℃ 以上。一般最好是将池中的泥土堆放在一角，让黄鳝钻入泥中后，再在上面加盖干草等物，此法适用于有土养殖鳝种越冬。值得注意的是，鳝种在越冬期间，仍在微弱呼吸，因此鳝池内的覆盖物不要堆得太紧密，更不能堆积重物或在池内随意走动，以免压紧泥土中的孔道，造成通气堵塞，使泥中幼鳝窒息死亡。

2. 深水越冬

在黄鳝进入越冬期之前、水温降至 10℃ 以下时，需要加深水位，将池水升高至 0.8~1.0m，通过深水保温的方式越冬。此法适用于水泥池无土养殖鳝种越冬。需注意的是，当冬天池水结冰时，要及时人工破冰，以增加水中溶氧量，防止池水缺氧。若水面水草较少，

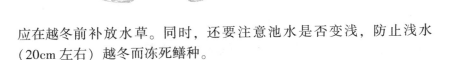

应在越冬前补放水草。同时，还要注意池水是否变浅，防止浅水（20cm左右）越冬而冻死鳝种。

3. 大棚越冬

有条件的地方，最好在饲养黄鳝的池上搭设双层塑料大棚，并在棚上加盖草苫，晴天温暖时将草苫卷起，让池内接受太阳照射，提高棚内和池水的温度，傍晚时再将草苫放下，保温防寒。如果冬季气温较高，水温能保持或超过10℃，则可投放少量的食物，以补充黄鳝越冬期的能量消耗，增强其体质。

第四节　冬季大棚网箱培育

冬季来临时，将体长10cm左右的幼鳝，移入温室大棚水泥池内的网箱中养殖，可解除黄鳝的冬眠，促进其生长。幼鳝在室内经200天的饲养，至5月下出池，体长可达25~30cm，体重可达23~100g。

一、水泥池和网箱的准备

在温室大棚内建水泥池，按池的大小，在池内设1~2只小型聚乙烯网箱（面积1~4m²），箱高60cm。水泥和网箱在使用前用生石灰（250g/m³）全池泼洒消毒，7天后排干池水，注入新水。开始时保持水深10cm，以后逐渐加深至30cm左右。网箱内放适量水草，供黄鳝栖息，在箱内设食台和增氧的气石。

二、苗种放养

每平方米网箱放体长10cm左右的幼鳝300~400尾，如饲养期间不再分养，放养密度可降低为200~300尾/m²。放养后第2天，再用0.2g/m³二溴海因在网箱内泼洒，为黄鳝消毒，然后适当换水，保持水质良好。

三、投喂与日常管理

苗种放养2~3天适应环境后，可给黄鳝投喂水蚯蚓，待其摄食正常后，即可开始驯饲，使其转食配合饲料。日投喂量为体重的 2%～5%，饲料加水和植物油调拌成团块状，投放在箱内食台上，每日 2～3 次。每天上午要巡查黄鳝的摄食与活动情况，及时捞出剩饵，定期清洗食台。保持水温稳定，尽量控制在 23～28℃，使黄鳝摄食旺盛。要注意水质变化情况，定期用生石灰、二溴海因等消毒剂交替消毒。换水时水温温差不要超过 2～3℃。发现异常情况要及时采取防治措施，及时捞除死黄鳝，防止老鼠等敌害进入。

在长江中下游地区 5 月下旬，当露天池塘水温稳定在 20℃ 以上时，可将大棚温室内的鳝种分养，转到室外池或网箱进入成鳝养殖，或直接出售鳝种。

第五节　雄化育苗技术

针对黄鳝性逆转的特性，对其进行雄化育苗可加快其生长速度，提高增重率。实践表明，黄鳝在雌性阶段生长速度只有雄性阶段的 30% 左右，也就是雄黄鳝的生长速度及增重率比雌性提高 1 倍以上。因此，在生长较慢的鳝苗阶段喂服甲睾酮，使其提前雄化，可较大幅度地提高养殖产量，取得较好的经济效益。

一、雄化对象

雄化对象以专育的优良品种为佳，在鳝苗腹下卵黄囊消失的夏花苗种阶段施药效果最好，雄化周期短；在单重达 20g 左右的幼苗期开始雄化也可以，但用药时间要长些；对单重达 50g 以上的青年期黄鳝进行雄化，要在入秋时才能进行，开春以后还要用药 10 天左右，效果才比较明显。

二、施药方法

夏花苗种阶段施药，前 2 天不投食，第 3 天可喂食熟蛋黄。先将蛋黄调成糊状，每两个蛋黄加入含甲睾酮 1mL 的酒精溶液 25mL，充分搅拌后投喂，投喂量以不过剩为准。连续投喂 6 天后，改喂蚯蚓浆，用药量增加到每 50g 蚯蚓用 2mg 甲睾酮（先以 5mL 酒精溶解），连续投喂 15 天即可雄化。经此处理的黄鳝，一般不会再以雌性状态出现。投药期食台面积应比平时大些，以免取食不均。如果对单条体重 15g 以上的幼苗进行雄化，以 500g 活蚯蚓拌甲睾酮 3g 连续投喂 1 个月即可。

三、加强管理

雄化期间池内不宜施用消毒剂，但可施用氧化钙或生石灰，施药浓度为春秋季 5～10mg/L、夏季 10～20mg/L。施用前可用木棍在巢泥上插一些洞，以利于有害气体氧化排出。雄化后的良种摄食量大幅增加，投喂量宜相应增大。

第五章 黄鳝的高效养殖技术

第一节 黄鳝养殖基本条件

一、黄鳝生长的环境条件

黄鳝生活在水环境中，水质的好坏直接影响着黄鳝的生长与健康。水质要求肥、活、嫩、爽。养殖黄鳝的水体理化因子如下。

溶解氧，不能低于 3mg/L。对硫化氢敏感，水中浓度不能超过 0.1mg/L。对氨氮敏感，不能超过 0.1mg/L。亚硝酸盐浓度不能超过 0.1mg/L。水体要求偏酸性较好，pH 为 6.5~8.0，大于 8.5 不利于黄鳝生长。水温要特别注意，每天不要有太大的波动，20~28℃ 的水温最适合黄鳝的生长。人工养殖下，黄鳝在 1~30℃ 下可以生存。水体保持在 25~35cm 的透明度，要有一定颜色，以黄绿色为主，水色不宜太浓和太瘦。底质养护：养殖之前用生石灰彻底清塘，养殖过程中定期使用底质改良剂进行改底处理。尤其是高温期，要特别注意底部淤泥的堆积，极易产生硫化氢等有毒有害气体。

二、苗种放养

1. 放养的前期工作

清塘消毒。鳝种放养前 10~15 天要清整鳝池，修补漏洞，疏通进水孔、排水孔，并用生石灰消毒，每平方米用量 150~200g。在放苗前 6~7 天注入新水至水深 10~20cm 备用。如有条件，在放水前将底泥翻新，在烈日下暴晒数日更好。池内放养占池面积 2/3 的凤眼莲。

苗种在放养前要进行消毒，可选用盐水、聚维酮碘、四烷基季铵盐络合碘浸泡。消毒时，若水温低，浸泡时间可长些；若水温高，则浸泡时间要短些，并彻底剔除有伤、有病的鳝种。浸泡后用清水冲洗方可入池饲养。

2. 放养技术

放养时间有冬放和夏放之分，但以春放为主。长江流域自 4 月初到 4 月中旬开始放苗；长江以北以 4 月下旬放养为宜。放养水温应在 16℃ 以上，不宜过低。

(1) 放养方法：放养时要注意试苗和抗应激。试苗就是取少量苗种放在一个网箱里观察苗种的状态是否正常。在正式放苗的时候要提前 1~2h 在放养池塘里泼洒维生素 C，再用少量维生素 C 泡苗，可有效减少鳝苗的应激反应。

(2) 放养规格和密度：放养的黄鳝应以 20g/尾以上为佳。这种鳝种适应性强，生长快。放养量一般为 1~2kg/m²，最高每平方米可放养 3~5kg。要注意，黄鳝在饥饿状态下有自相残杀的习性，因此放养时要求规格一致，切勿大小混养。不同放养密度对网箱养殖黄鳝的体重和体长增长有显著影响。有学者研究显示，黄鳝在密度 35 尾/m² 的网箱养殖条件下体重增长速度较快，其最终体重、增重率、增长率显著高于黄鳝最低密度组（15 尾/m²）和黄鳝最高密度组（90 尾/m²），表明密度过高或过低都不利于黄鳝生长。高密度养殖会使黄鳝生长离散较大，大小规格不齐；密度过低时，黄鳝摄食效果差，生长发育也会受到较大影响。

(3) 放养的环境条件：放苗之前要对池塘水质进行检测。放苗之前 5~7 天要进行肥水，培养池塘中的藻类，以稳定水体。研究表明，有一定水色的池塘可以减少黄鳝的应激反应，增加黄鳝安全感。放苗前 3 天检测池塘的水质指标，如 pH、氨氮、亚硝酸盐、溶解氧等是否在正常范围之内，如有问题要及时处理。放苗最好在早晨日出之前完成，可有效避免光照对鳝苗的刺激。

三、科学投喂

1. 四定原则

四定原则即"定时"，每天 3 次（8 点、14 点、18 点）投喂；"定量"，根据黄鳝的不同生长阶段和水温变化，在一段时间内投喂量（3%~10%）相对恒定；"定点"，每次投喂最好投喂在同一位置，即食台；"定质"，投喂饲料组成相对恒定。每天投喂量根据天气、水温、水质等情况随时调整，当水温高于 30℃ 和低于 12℃ 时少喂，甚至不喂。要抓紧开春后水温上升期及秋后水温下降期的喂食，做到早开食、晚停食，延长黄鳝的生长时间，从而增加收益。

2. 四看原则

四看原则即喂养过程还应注意看季节、看天气、看水质和看黄鳝食欲，根据实际情况投喂饲料。

（1）看季节：黄鳝的摄食量在一年中是不相同的，投饲应掌握的基本原则是中间量大，两头量小。即 6~9 月占全年的 70%~80%，6 月以前、10 月以后量小，只占全年的 20%~30%。

（2）看天气：晴天多喂，阴雨天少喂，闷热天气或者阵雨前不喂。当水温高于 28℃、低于 15℃ 时，要注意减少投喂量。水温 25~28℃ 是黄鳝生长旺盛的时期，要及时适当增加投喂量、投喂次数，提高饲料品质，满足黄鳝生长需要。

（3）看水质：水质好时多喂，水质差时少喂。

（4）看食欲：黄鳝活跃，摄食旺盛、抢食快，短时间内能吃光饲料时，应增加投喂量；反之，应减少。一般 2h 内全部吃光的，可以增加投喂量；若剩余，则需要减少投喂。

3. 投喂频率

适宜的投喂频率可以提高黄鳝的生长速度和存活率，减少食物损失，从而提高饲料转化率，减少个体生长的变异，提高最终的养殖产量；不合理的投喂频率，将导致个体出现较大的差异。有学者对黄鳝的投喂频率做了研究，结果表明，当投喂频率从 2 次/天增加到 4 次/天时，黄鳝的摄食率和生长率都显著提高；当投喂频率增加至 12 次/天时，黄鳝的摄食率和特定生长率与 4 次/天时比较差异不明显，说明黄鳝在养殖生产中将投喂频率定为 4 次/天最合适。

四、日常管理

加强日常管理是提高黄鳝单位面积产量的关键。若管理得当，黄鳝可以稳长 3~4 倍。日常管理主要体现在生产管理、水质调控、底质调控、水位管理。

1. 生产管理

加强田间巡查，做好防逃、防暑降温工作。要经常巡视池塘，查看田埂有无漏洞和坍塌，进、排水是否畅通，防逃墙是否完好。雨天，特别是暴雨天气，应及时排出积水。炎夏做好防暑工作，可以通过加深水位以及种植少量水花生、水浮莲等水生植物遮阴。

2. 水质调控

"养鱼先养水"，池塘水质的好坏与是否稳定决定了养殖能否成功。由于黄鳝是高密度养殖，对水质的要求比较苛刻，更要用心做好池塘的水质调控。要定期检测水质的基本属性（如氨氮、亚硝酸盐、酸碱度、硫化氢、水温、溶解氧等），如果不在正常范围内，要通过物理吸附、化学药物分解、生物降解等方法及时处理。定期使用显微镜观察池塘的藻类情况，通过池塘的藻相判断池塘是否发生倒藻或水华。正常情况下，池塘水体的藻类种类、数量越丰富，水体就越稳定。

3. 底质调控

"养水先养底"，池塘的水色是对池塘底质的反映。要定期对池塘的底质进行取样观察，做到"一看，二闻，三镜检"。一看，看池塘的底泥是否发黑，发黑的程度有多深；二闻，闻池塘底质是否发臭，是否有臭鸡蛋味（一般池塘底泥有臭鸡蛋味多半就是硫化氢超标）；三镜检，就是用显微镜观察底泥中是否有厌氧性寄生虫。

4. 水位管理

黄鳝自然栖息层的水深一般在 15~30cm。夏季水位不能过浅，以防止温度过高而影响黄鳝生长。越冬期间，减少换水，将池水水位适当降低，在池底铺上20cm厚的经暴晒消毒且含有机质较多的偏碱性的泥土，然后将经过消毒处理的当年稻草放入水面，用20~30cm厚的稻草保温防冻。在下雨时，应及时调整水位，避免黄鳝逃跑；在高温干旱季节则要防止温度过高晒伤黄鳝。

第二节 黄鳝网箱养殖技术

一、准备工作

1. 场地选择

要求水源充足、水质优良、无污染源、能排能灌、交通方便、电力配套。面积一般为2001~6670m²，池塘垂直高度2.2~2.5m，以确保高温季节和严冬期黄鳝能安全渡夏和平安越冬。

2. 网箱制作

一般选用优质聚乙烯4股×3股7~8目的网布制作，每个网箱以6m²为宜（2m×3m×1.3m）。

3. 网箱安装

一般设置网箱的面积不超过养殖总水面的40%，网箱间隔为箱距1.5~2.0m、行距2~2.5m，以便于水体交换、水质调控和管理。网箱与池塘进排水口平行排列，即网箱的箱档朝着进排水方向。网箱入水深度一般为0.5~1.0m，随季节改变，但高出水面部分不小于50cm。网箱的固定可采用木桩和竹竿，也可使用木桩和铁丝。

4. 池塘清整消毒

冬春季节清淤，保留淤泥厚度15cm左右。所有用来养鳝的池塘均须在布置网箱前用生石灰彻底清塘消毒。生石灰用量干法消毒为112g/m²，带水消毒为225g/m²。

5. 网箱浸泡

新制作的网箱需在池塘中浸泡2周，以消除聚乙烯网片的毒素，使其附着各类藻类，避免黄鳝入箱时受伤；如时间仓促可在布箱前用 15~20mg/L 高锰酸钾溶液浸泡网箱 15~20min。

6. 移植水草

网箱布置后，要在投放苗种前 20~30 天将水生植物移植到网箱内，以供黄鳝栖息。移至箱内的水草须经 $10g/m^3$ 的漂白粉溶液消毒处理 30min，以预防水蛭、寄生虫、病原微生物、小杂鱼和鱼卵进入网箱。

7. 环境营造

为促进网箱内水生植物的生长，可在池塘消毒进水后施入适量的生物肥料，这对于新挖的鱼塘尤有必要。在水源不足、水质欠佳的地方，可在投放苗种前 1 周开始使用微生物制剂，以后每隔半个月使用 1 次，以改善池塘环境。

二、苗种选择

1. 苗种选择

黄鳝人工繁殖尚处在初级和小规模阶段，国内目前尚无规模化繁殖的黄鳝苗种供应，网箱养鳝的苗种主要依赖于天然资源。长江流域地区黄鳝主要有深黄大斑鳝、青鳝和灰鳝 3 个品种，前 2 种生长速度快、性状优良，而灰鳝生长缓慢，选种时要选择深黄大斑鳝和青鳝，不能选择灰鳝。选种要求体表无伤、黏液完好、体质健壮、行为敏捷。

2. 苗种运输

规模化网箱养鳝需要苗种量大，需长途采购运输。运输黄鳝苗种多采用竹筐，小竹筐可容纳苗种 25kg 左右，中竹筐可容纳苗种 50kg 左右，大竹筐可容纳苗种 75kg 左右。为了运输安全和提高成活率，可采用中筐、小筐装运，并在竹筐内衬入软质薄膜，盛入约 1/3 的自然温度的清洁水，加入多益善 1 号或芳草泼洒浆（按使用说明要求）充分溶解，再将挑选好的鳝种放入竹筐内，并在每个竹筐内放入少量泥鳅，利用泥鳅不断活动的习性避免黄鳝互相缠绕而得发烧病。运输距离远，途中需换水时，切不可将井水、自来水直接加入运输容器内，更不可直接加入冰块，以防止黄鳝因温差过大而感冒。长途运输苗种的时间可持续在 10h 左右。

三、苗种放养

1. 放养时间

黄鳝苗种放养时间跨度大，4~8 月都可放种。如网箱数量少，苗种需求量不大，当地又有通过鳝笼捕捉的鳝苗，可选择连续晴好天气在 4 月开始放种，此时投放的鳝苗生长期长，增肉倍数高，效益好。如网箱数量多，苗种需求量大，放种时间最好选择在 6 月中旬连续晴好的天气进行，此时水温一般在 25~28℃，属黄鳝最适宜的范围，又处于黄鳝繁殖中后期，苗种入箱后成活率高。7 月底至 8 月投放的苗种，生长期短，一般不以当年上市和生长增重为目的，主要作为翌年苗种续养或到冬季赚取季节差价。

2. 放养规格

要想当年达到商品鳝规格，投放苗种的大小一般在 30~60g/尾，可以保证绝大多数黄鳝规格达到标准。考虑到规格在 20g/尾以下的苗种购价低、增重倍数高，也可购买。

3. 换水投放

鳝苗经过长途运输，体能消耗大，加上高密度装载，容器内的代谢产物骤增，水质差，到达目的地后需立刻换水，清除排泄物和杂质，更换的新水与容器内水的温差需严格控制在 3℃ 以下，以防黄鳝感冒。

4. 投种标准

网箱养鳝的苗种投放量一般为 1.5kg/m² 左右，高的可达到 2.5kg/m²。个体小的苗种可选择低标准，个体大的苗种应选择高标准投放。

5. 筛选入箱

购买的黄鳝苗种规格往往参差不齐，小至 10g/尾，大到 100g/尾以上，这就需要认真筛选，分规格饲养，防止个体悬殊出现弱肉强食与两级分化，否则还会导致驯食难以完全，影响产量和效益。苗种进箱前要逐箱称重，有条件时应同时清点尾数，做好记录。

6. 注意事项

投种时应充分考虑天气的变化，宜选择连续晴好的天气，这时水温稳定，黄鳝不易出现应激反应，放种成活率高。在实际操作中常常出现放种后就下雨的现象，导致黄鳝因水温骤降而感冒，不摄食、上草、口出鲜血、抽筋打转，无法进行驯食，继而死亡。为有效防治上述情况发生，最好的办法是使用速健 V9 和植物抗毒 C 全池箱内外泼洒，方法：在投种前 1~2 天，将速健 V9 按每亩 1m 水深 200g 用量溶解后箱内外遍洒一次；紧接着使用植物抗毒 C 在网箱内泼洒，用量为每口箱 10~20mL。治疗则用上述两种药物在晴天连续使用 3 天，对病毒引起的感冒和应激反应有很好的疗效。然后采用人工下水用竹竿清除箱底死鳝残骸及其杂质的办法加以处理。方法：用一根略长于网箱宽度的竹竿，由两人分别进入网箱两侧水中，将竹竿伸入网箱一端底部，托起箱底向另一端移动，直至箱底死鳝及杂物被集中到网箱另一端后将其全部捞出。最后使用速健 V9 诱食剂拌饵驯食。

四、池塘空闲水体利用

网箱养鳝池塘，网箱仅占水面的 40% 左右，为了提高水体利用率，抑制池塘水体富营养化，应在池塘中投放一部分滤食性鱼类和杂食性鱼类（如鲢、鳙、鲤、鲫），但只能适量放养，让它们充当清洁工的角色，突出主体，确保黄鳝优质、高产、高效。具体投放量：每亩投放当年夏花 150 尾左右，其中鲢、鳙鱼占 60%（鲢：鳙为 4:1）、鲫鱼 35%、鲤鱼 5%。

五、饲料的选择与搭配

黄鳝是以动物性饵料为主的鱼类，在人工养殖的情况下，主要摄食低质杂鱼和全价配合饲料，食物的组成是鲜料加配合饲料。鲜料在不同地区其组成是有差异的：靠近大型湖泊的养鳝区一般以小型野杂鱼为主体，池塘养鱼比较集中地区一般以白鲢为主体，江汉

平原东荆河流域的某些地区则以蚯蚓为鲜料的主要来源。总之，鲜料的选择应以来源方便、成本低廉、新鲜适口为基本出发点。

六、黄鳝驯食

黄鳝入箱，影响成活率的关键期为前半个月，只要平稳地渡过这一危险期，养殖成功就有了基础。从市场选购的和天然捕捞所获得的野生鳝苗，在人工养殖时必须首先进行驯食，使之接受人工投喂的饲料。黄鳝入箱 2~3 天后，即可对黄鳝进行驯食。驯食需设置投饲点，投饲点的数量按每 4~6m² 设置 1 个，设置在网箱内中央区水草密集处的水平面上，以便让水草托起投喂的饲料和摄食的黄鳝。黄鳝对饲料的蛋白质和氨基酸平衡有着严格的要求，目前养殖黄鳝通常的方法是用鲜鱼拌和配合饲料饲养。我国配合饲料目前已发展出 100 余个品牌，而选择一流品牌的配合饲料是获得高产高效的重要途径。驯食的鲜料品种应充分考虑其是否能够持续供应，因为黄鳝吃惯了某种饲料后马上改变饲料品种与配方会减食或拒食，特别是在改变的饲料品种质量变差的情况下，表现尤为突出。将第 1 天的投喂总量（按鲜鱼计算）控制在黄鳝体重的 3%~4% 范围内（配合饲料 1kg 折合鲜鱼 5kg），以鲜饵料为主、配合饲料为辅，两者按 9∶1 配备：将鲜鱼加工成糜状，在鱼糜中适量加入清洁水，再将配合饲料加入鱼浆内充分拌和均匀后投喂。以后，每天调整鲜料和配合饲料的比例，减少鲜料，加大配合饲料的比例，1 周后使鲜鱼和配合饲料各占总量的 50%，并保持这种比例搭配至养鳝结束。1 周左右时间驯食即可成功。

七、饲养管理

1. 坚持"四定""四看"投饵

"四定"：定时、定量、定质、定位；"四看"：看季节、看天气、看水质、看食欲。

2. 水质管理

水质的优劣对黄鳝摄食、生长、健康均会产生直接影响。养殖黄鳝的水质要求鲜、活、嫩、爽。加强水质调控的方法有：勤换水，一般情况下每隔半个月换水 1 次，高温季节每周换水 1~2 次，将老水排掉 2/3，再将新水加至原高度，秋季换水必须保证水温的温差不超过 3℃，在水源不足、外源水质不良的情况下不要换水；每隔半个月全池泼洒鱼虾爽或其他微生物制剂 1 次，以调节水质。黄鳝对水深的要求并非始终如一，投苗前后的一段时间将水位控制在 1.2~1.3m，随着气温的上升逐步将水位加高，盛夏和越冬时池塘水位最好能达到 1.6m 以上。

3. 箱体附着物的清理

随着水温的上升和池塘浮游植物光合作用的加强，养鳝网箱上的附着物也会日益增多，会直接影响箱内外水体交换，使网箱内水质变坏。用人工清除的办法费力、效率低下，最好的办法是于晴天早上将养鳝池塘的水排掉 40cm 左右，使箱体附着物在阳光下曝晒，然后在下午注入新水复原，晒干后的箱体附着物可倾刻瓦解。

4. 日常管理

坚持早晚巡塘，仔细观察黄鳝摄食情况，及时调整投喂量；整理好网箱内的水草，每周用生石灰水或二氧化氯片剂对食场杀菌消毒 1 次；每天投喂前检查网箱有无破损；随时掌握黄鳝活动情况，发觉异常要查找原因，立即处置；勤除杂草、敌害生物、污物，及时清除剩余饲料；查看水色，测量水温，测定水质，做好养殖记录。

第三节　黄鳝稻田养殖技术

稻田养鳝是利用适宜于黄鳝栖息的环境，采用一定的人工措施，既种水稻又养鳝鱼，使稻田内的水体、杂草、水生动物、昆虫以及其他物质资源充分地被黄鳝所利用，并通过黄鳝达到为稻田松土、灭虫、除草、施肥的目的，从而获得稻鳝双丰收。除了冬季留一部分幼鳝越冬到次年春季续养外，一般每亩可产成鳝 100kg 以上，纯收入 2500 元以上，既收获了水稻，又获得了优质成鳝，是种养结合的优化模式、生态农业的发展之路、农民增收的重要途径。

一、稻田养鳝设施构建

稻田养鳝成功的关键在于选择适宜的稻田和建好稻田的养殖工程设施。

1. 选择稻田

养鳝稻田需具备以下条件：水源充足、排灌便利、保水力强、天旱不干、大雨不淹、洪水无碍、交通方便。依据黄鳝喜打洞穴居的生物学特性，应选择黏土土质的稻田为宜。选择中稻田或晚稻田为好。面积不宜过大，以 1~3 亩比较适宜，以便管理。

2. 稻田改造

稻田养鳝是在垄上种稻、沟中养鳝，或者在稻田中开挖鳝沟、鳝溜，即 "垄稻沟鳝" 养殖模式。设施的建造一是要尽量营造黄鳝适宜的栖息环境，二是防止黄鳝逃逸。

3. 挖沟

在稻田中开挖宽 44cm、深 33cm 的沟。垄面宽约 77cm，垄上可栽植四行稻秧，行距为宽窄行，正中间大行间距 33cm，两边小行间距 20cm，边行至沟边 3cm。严格按上述尺寸施工，不然直接影响稻、鳝产量。

4. 沟、溜开挖

鳝沟是供黄鳝活动和栖息的水体环境，故首先要开好鳝沟。在离田埂 2~3m 处沿四周挖沟，沟宽 1~2m、深 0.8~1m，稻田面积大时还要在稻田中央开挖 "十" 字或 "井" 字沟。鳝溜也称鳝坑，是与鳝沟连接的正方形鱼坑，一般开挖在稻田四周或稻田四角，也可开挖在稻田中间，面积 10~20m^2，深 0.8~1m，作为黄鳝在水稻施肥和喷药时的栖息场地，鳝沟和鳝溜占稻田面积 10% 左右。

5. 防逃设施构建

加高加固田埂以提高水位，防止漏水和黄鳝逃逸：将田埂加高到 50~100cm，埂顶宽 40cm 左右，一定要夯实。比较简便的方法是采用 9 目的聚乙烯网布拦截防逃：网片高度 1m 左右，网布下端入泥 40cm，上端高出泥面 60cm，可用竹尾或木桩支撑网片。在进出水口安装拦鱼设施，进出水口开在稻田两边的斜对角，面积大的要多开几个。可在进出水口上安装密眼网袋，以防黄鳝钻出逃逸。

二、施肥与喷药

养鳝稻田仍然要施基肥，基肥在平整稻田时施入，按常规方法施入农家肥料。秧苗在中耕前追施尿素和钾肥一次，每亩稻田施尿素 2kg、钾肥 4kg，抽穗前追施人、畜粪一次，每亩用猪粪 600kg、人粪 300kg，畜粪主要施在围沟靠埂边及溜边。稻田养鳝过程中，由于黄鳝捕食稻田中的小型昆虫，所以稻田病害一般较少。为防止稻田飞蛾危害，可喷洒一次叶蝉散乳剂。尽量不施和少施农药，必须施药时，也只能选择高效低毒的农药予以喷洒。

三、鳝种投放

在鳝种投放前，要用生石灰对鳝沟、鳝溜进行消毒，用量为 $200g/m^2$，一个星期以后再投放鳝种。投放的鳝种可使用多益善 1 号浸泡运输，到达目的地以后可直接投放，不需用药物浸洗鳝体。鳝苗投放密度为每平方米投放体长 10~15cm 的鳝种 20~30 尾，如采用人工投饵的稻田，每平方米可投放鳝种 60~80 尾。不同规格的鳝苗要分田块饲养。投放时间以早春为宜，这样可延长生长期，产量高、效益明显。

四、投饲方法

黄鳝为肉食性鱼类。黄鳝的饲料来源为稻田中现存的各类水生昆虫，捕捞或购买的螺蚌和小杂鱼、低质鱼，在稻田中投放的四大家鱼鱼苗或其他野杂鱼苗，自己培育的黄鳝喜食的活饵料（如黄粉虫、蚯蚓、蝇蛆等）、优质人工配合饲料（需经 1 周左右驯食）。将食料投在鳝沟的食台上，每 5m² 设食台 1 个。投喂量：鲜饵料日投喂量为黄鳝体重的 3%~10%；配合饲料为黄鳝体重的 1%~3%。具体方法要视季节、天气、水温、水质和黄鳝的实际摄食量灵活掌握，做到定时、定量、定质、定位。

五、日常管理

日常管理工作主要有水质管理、防逃防病、防暑降温及消毒灭虫等。

1. 水质管理

主要根据水稻生长的需要并考虑到黄鳝的生活习性，前期稻田水深保持 6～10cm，到水稻拔节孕穗之前晒田 1 次，从拔节孕穗开始至乳熟期，稻田水深应保持在 6cm，往后灌水与晒田交替进行。晒田期间鳝沟、鳝溜中保持水位 15～20cm。3～5 天换水 1 次，高温酷暑期间 1～2 天换水 1 次。另外，要注意经常清理食台，清除残剩饲料，以防水质恶化。

2. 防逃防病

雨天，尤其是大雨天气，要及时排出稻田内积水，以防水位上涨、溢水逃鳝。此外，要经常检查进、排水口和拦鱼设施，发现问题随时采取补救措施。鳝病防治：要坚持每半个月左右对水体进行 1 次消毒，每月 1 疗程内服驱虫剂。

3. 防暑降温

当水温高于 28℃时，黄鳝摄食量开始下降，水温越高，黄鳝越不适应，所以在高温季节做好防暑降温工作十分重要。可在鳝沟、鳝溜两端搭架，种植丝瓜等藤蔓作物，遮阳面积要达到 60% 以上。

六、捕捞、越冬保种

1. 捕捞

在水稻收割前 7～10 天应适时降低水位，一是便于人工收稻，二是使黄鳝游入水沟，等稻子收割后再排干水沟内水，集中起捕。

2. 越冬保种

作为第 2 年用来繁殖后代的亲本，最好选择二龄个体。亲本要求：体质健壮、无病无伤、黏液完好、行为敏捷。雌鳝体长 25～

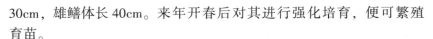
30cm，雄鳝体长40cm。来年开春后对其进行强化培育，便可繁殖育苗。

3. 备足鳝种

收捕时除选留部分亲本及销售大部分成鳝外，还要为来年留足鳝种。鳝种可在鳝溜中越冬，每平方米可放5~6kg。

4. 越冬管理

越冬前，黄鳝要大量摄取食物。要尽量使黄鳝多贮存营养，就要加大投饵力度。应投喂优质饵料，使黄鳝膘肥体壮，以安全过冬。越冬方法分为带水越冬和干池越冬。带水越冬在鳝溜中保留一定水位，使黄鳝可入池底洞穴越冬；干池越冬：把鳝溜中的水排干，使土壤湿润，在上面覆盖一层当年的稻草防寒保暖。此外，还要经常观察，发现异常及时处理。

第四节　黄鳝的池塘养殖

一、池塘建设

一般情况下，黄鳝选择生活在深度适中的水域中。因此，选择的池塘深度应该为0.8~1.5m。

二、水源质量

1. 水质条件

黄鳝对水质的要求比较高，因此选择水源时需要确保水质清洁、无污染，并且具有良好的水质条件。

2. 池塘面积

池塘面积的大小对养殖黄鳝具有重要意义，面积较小的池塘会限制黄鳝的生长和发展。针对黄鳝的养殖，推荐使用面积大于100m^{2}的池塘。

3. 池底特征

黄鳝适合生活在泥质或沙质底质的池塘中，不适宜养殖在石质或者粗糙底质的池塘中。在选择池塘之后，需要对其进行适当的改造，以创建更适合黄鳝生长和繁殖的环境。改造池塘的过程中，需要注意以下5个方面。

（1）清理杂草、污泥和废物。将池塘中的杂草、污泥和废物等清除掉，使水面保持干净和整洁。

（2）加固池塘边坡。加固池塘的边坡是为了避免池塘因为长时间承受水压而发生塌陷或者溃坝的现象。

（3）修建进排水系统。通过进排水系统来保障池塘内的水质，确保池塘的稳定性和水流畅通。

（4）配置通风设备。通风设备可以增加池塘内的氧气含量，从而提升黄鳝的生长速度和品质。

（5）建造遮阳棚。在池塘上方建造遮阳棚，可以避免太阳直射，避免水温的上升，从而保持池塘内环境的稳定。

三、苗种放养

1. 确认黄鳝苗种的品种

黄鳝苗种比较多，有红鳝、黑鳝等多个品种可供选择，应根据自己的实际需求选择合适的品种。

2. 观察黄鳝的体态特征

在购买时要认真观察黄鳝的体态特征，选择健康活跃的苗种。通常健康的黄鳝体表没有明显的外伤、皮肤红润有光泽、鳃片红色、肚皮饱满且没有明显的病症。

3. 防止购买到野生苗种

野生黄鳝数量大幅减少，一些不法分子通过非法捕捞出售，所以在购买时需要特别注意勿购买野生黄鳝苗种。

4. 注意黄鳝苗种的数量

黄鳝苗种体形较小，难以辨别大小。购买时最好按重量或数量购买，以保证数量的准确。

5. 选择相近体形的苗种

黄鳝苗种体形相差过大，容易造成区别对待，甚至互相攻击。

选择体形相近的苗种，有利于管理和饲料均衡，避免大鳝吃小鳝的情况发生。

总之，在进行黄鳝苗种的选择和购买时，需要综合考虑品种、体态、数量、价格等多方面因素，并选择正规渠道购买，以确保所购买到的黄鳝苗种品质健康、无病害。

四、饲料投喂

1. 黄鳝投饵应坚持"四定"原则：定时、定位、定质、定量

人工养殖在初期应做好驯化工作。驯饲的具体方法为：鳝种放养 2~3 天不投饲，使其腹中食物消化尽，然后将池水排干，加注新水，于晚间进行引食。引食时用黄鳝最喜欢吃的蚯蚓、河蚌肉，将其切碎，分几小堆放在进水口一边，并适当进水，形成微流。第 1 次的投饲量为鳝种重量的 1%~2%，第 2 天早晨如果全部吃完，投饲量可增加到 2%~3%。如果当天的饲料吃不完，应将残料捞出，第 2 天仍按正常的投饲量投喂，待吃食正常后，可在饲料中掺入蚕蛹、螺蚌肉、瓜果皮、豆饼等，同时减少引食饲料。如果吃得正常，以后每天增加普通饲料，几天后，就可正常投喂。一般在养殖初期，日投饵量为鱼体重的 3%，生长旺季为 5%，具体投饵量还要根据天气等情况而定。

2. 饲养环境管理

保持水质清洁，避免污染和积聚有害物质，定期检查水质指标如 pH、氨氮、溶解氧等。黄鳝适宜生长的水温一般为 20~28℃，需根据季节变化调整水温。提供适宜的光照时间和强度，模拟自然光照规律。保持鳝塘内良好的通风，增加氧气供应。

3. 饲料管理

根据黄鳝的生长阶段和需求，选择合适的饲料配方，均衡提供蛋白质、碳水化合物、维生素和矿物质。按照黄鳝的需求，制订合理的饲喂计划，定时给予适量饲料，避免过度喂养。选择优质的饲料，避免使用过期或变质的饲料。

五、常规管理

定期清理池塘内的杂草、残渣和浮游生物等，保持水体清洁。根据需要，适时调整池塘的水位，避免水位过高或过低对黄鳝的影响。记录黄鳝的生长情况、饲养数据、疾病情况等，以便及时了解和掌握养殖情况。

六、日常管理

每天巡塘，记录养殖日志。日常水位保持在 15cm 左右，高温季节水深 25cm，一般 2~3 天换注新水 1 次，保持水质清新，新水水温与养殖池水温相差不超过 3℃。天气异常时，要及时观察并换注新水，以防缺氧。

七、疾病预防和控制

1. 水质管理

定期检测水质指标，包括 pH 值、氨氮、溶解氧等，保持水质清洁、稳定和适宜。避免各类污染物进入池塘，如化学物质、农药、重金属等，特别是避免有害物质的滞留和积聚。

2. 饲料管理

使用优质、新鲜的饲料，避免使用过期、霉变或变质的饲料。严格控制饲料投喂量，避免过量喂养和剩余饲料滞留。

3. 病虫害防治

定期检查黄鳝的外观、行为和食欲等，发现异常情况及时处理和隔离患病个体。清除池塘中的杂草、浮游生物和死亡的黄鳝，避免它们成为病原体的滋生源。使用合适的药品和方法进行疫病预防和控制，但要遵守兽药使用规定，并谨慎使用对黄鳝无毒副作用的药物。

4. 清洁消毒

定期清洗和冲刷池塘内壁、底泥和过滤设备等，去除污垢和有害物质。检查和维护过滤设备和水循环系统，确保其正常运行和有效过滤。使用适当的消毒剂对池塘进行消毒，杀灭病菌和寄生虫。

5. 隔离和检疫

对新引进的黄鳝苗种，应隔离和观察一段时间，确保其没有潜在疾病。定期进行黄鳝的健康检查，如体外寄生虫检测、病原菌检测等，及时发现病情并进行相应处理。

6. 养殖管理

控制黄鳝的存栏密度，避免过度拥挤和压力过大，减少疾病传播的风险。饲养处于相近体形的黄鳝，避免大鳝欺负小鳝导致伤害和感染。保持黄鳝池塘的良好卫生和环境，减少病菌和寄生虫的滋生和传播。定期观察黄鳝的行为、外貌和食欲等，注意发现异常情况。根据兽医建议，及时接种必要的疫苗，提高黄鳝的抵抗力。定期进行鳝塘清洁消毒，控制水生病虫害的出现，如螺虫、寄生虫等。

第五节　黄鳝的大棚养殖

用塑料大棚养殖黄鳝可以一年四季连续生产，无土流水养殖可有效地控制疾病，使效益成倍提高。黄鳝最适宜的生长温度是 27～30℃。采用塑料大棚，不用专设采暖设备，春、夏、秋季棚内都易保持这一温度，即使在寒冬季节，棚内平均温度也能达到 20℃。饲养池中保持微流水，水质不会恶化。

一、建饲养池

1. 开放式饲养池

在长年有温流水的地方适宜建造开放式饲养池，优点是流量稳定，适于较大规模的经营；缺点是有区域局限性。饲养池用砖和水泥砌成，每个池的面积为 10～20m²，池深 40cm，宽 1～2m，池埂宽 20～40cm。在池的相对位置设直径 3～4cm 的进水管、排水管各 2 个。进水管与池底等高，排水管 1 个与池底等高，1 个高出池底 5cm，进排水管口均设金属网以防逃脱。将若干饲养池并列排成 1 个单元，每单元的面积最好不要超过 $500m^2$。

2. 封闭循环过滤式饲养池

封闭循环过滤式饲养池适宜在大城市或缺乏水源地方使用。其优点是饲养水可以重复使用，耗水量较少，便于控制温度；缺点是投资稍大。饲养池的建法与开放式相同，另外需建造曝气池、沉淀池，还要增加一些净水、抽水、加温设备。

二、投放鳝种

饲养池建好后，将总排水口塞好，灌满池水浸泡 5~7 天后将水放干，然后将底下的排水孔塞住，放水时保持每个池内有微流水，水深5cm，这时即可放养。鳝种在放养前需要用 3%~5% 食盐溶液浸浴 3~5min 进行消毒，防止水霉病和消除鳝鱼体表的寄生虫。浸浴时间的长短以黄鳝的承受能力灵活掌握。在鳝种消毒后及时放养，每平方米投放规格为 35~50 条/kg 的鳝种 4~5kg。同池的鳝种要大小一致，以避免大食小。

三、投喂饲料

黄鳝是肉食性鱼类，喜食新鲜的饲料。放养 2~3 天后，将蚯蚓、螺蚌、蛙肉等切碎放在饵料台上进行引食，并适当增大水流。第一次的投饵量可为黄鳝总体重的 1%~2%。第二天早上检查，若能全部吃光，再投喂时可增加到黄鳝总体重的 2%~3%，以后可逐渐增加到黄鳝总体重的 5% 左右。随着黄鳝食量的增加，可在饲料中掺入蚕蛹、蝇蛆、煮熟的动物内脏、血粉、鱼粉、豆饼、菜籽饼、麦麸、瓜皮等，直至完全投喂人工饲料，以降低成本，但要保证饲料的蛋白质含量在 35%~40%。当黄鳝吃食正常后，每天在早上 8~9 时、下午 2~3 时各投喂 1 次即可。

四、日常管理

用塑料大棚养殖黄鳝，由于水质清新，只要饲料充足，黄鳝一般不会逃逸，但要注意防止鼠、蛇等天敌为害。饲养一段时间后，同一池的黄鳝会出现大小不均，要及时分开饲养。饲养 5~6 个月后即可上市，规格为 6~10 条/kg，成活率可达 90% 以上。

五、疾病防治

用塑料大棚养殖黄鳝极少发病，但对以下几种疾病也应注意防治。

1. 感冒

感冒常因注入的新水与原池水温差过大所致，只要调好水温，使之稳定，就可防止该病发生。

2. 毛细线虫病

毛细线虫寄生于鳝鱼体内，使鱼消瘦死亡，并伴有水肿、肛门红肿。每千克黄鳝用 90% 晶体敌百虫 0.1g，拌入饲料内投喂，连续用药 6 天即可。

3. 梅花斑

病鳝体多处有黄豆大小的梅花斑状溃烂点。每立方米水体可用漂白粉 10g 经常进行消毒，也可用生石灰、强氯精、硫酸铜等进行消毒。此外，在池内放几只癞蛤蟆，利用其身上分泌的毒汁，可有效杀死梅花斑病菌。

第六节 池塘虾、鳝立体生态养殖技术

"池塘虾、鳝立体生态养殖技术"是老河口市水产工作者在老河口市丹水水产养殖专业合作社 70 亩龙虾池中套放 2m×2m×2m 鳝箱 200 口，通过近几年摸索，最终获得成功的一种小龙虾与黄鳝立体生态养殖模式。该模式合理利用池塘资源，在龙虾池中套放小网箱养殖黄鳝，提高了池塘整体效益。即每亩投放抱卵小龙虾 20kg、50g/尾鳝种 24kg，收获 170kg 商品虾，72kg 鳝鱼，亩产达到 6330 元，养殖效益明显。

一、种虾投放

在小龙虾繁殖季节的 9~10 月，在池塘中投放抱卵小龙虾。投放

密度为 15～20kg/亩，放养前用 3%～5% 食盐水浸泡 10min，以杀灭寄生虫和致病菌。

二、池塘网箱及鳝种投放

1. 网箱

（1）网箱制作：网衣为 30 目的聚乙烯网片制成。网箱无框架，敞口式。

（2）网箱大小：网箱规格为 2m×2m、高 2m，太大不利于管理，太小则相对成本较高。

（3）网箱数量：在 70 亩试验水面设置网箱 200 口，亩平均约放 3 口。

（4）网箱架设：网箱架设为群箱架设，箱与箱的间距 1.5m 左右，顺池边排放，距池埂 1.5m 左右，以便于投饵及日常管理。箱四角固定于铁丝上，并绷紧网箱，使网箱悬浮于水中。网箱上部露出水面 60cm，箱底部高出水底 20cm 以上，以便于水体交换。网箱的底部用绳索固定，使网片垂直于水中。新做的网箱要放入水中浸泡 15 天，待其有害物质消失后再放鳝种。

（5）移植水草：模拟黄鳝自然栖息环境，箱内种植水草，如水花生等，水草的覆盖面积占箱体的 2/3。鳝种放养前 3～5 天，对箱内水草及水体用漂白粉消毒。

2. 鳝种放养

（1）鳝种来源：适合网箱养殖的黄鳝以就地取材为佳，即在本地用鳝笼和地笼捕捉的野生鳝种，优先选用体色呈黄色有大斑点（常栖息于草窝的鳝种）或体色青黄色、体细长、头稍大、多黏液、活力强的鳝种。鳝种在短途中带水运输。

（2）放养规格及时间：在 6～7 月收集鳝种。鳝种要求体质健壮，规格整齐，体表光滑，无病无伤，防止病、弱、受伤的鳝种入箱。鳝种规格 50g/尾左右。待箱内水草成活后，选晴天投放鳝种。

（3）放养密度：放养量为 2kg/m²，同一网箱中鳝种规格要尽量统一，以免自相残食。

（4）鳝种消毒：为提高鳝种成活率，减少疾病的发生，鳝种放养前应进行消毒。消毒方法有：①用3%～4%的食盐水浸洗鳝种3～5min。②用20mg/L高锰酸钾溶液药浴10～20min。③可用10mg/L的亚甲基蓝水溶液浸泡10～15min。

三、投喂

1. 小龙虾投喂

小龙虾虽属杂食性动物，但也有选择性，植物性饲料中喜食麸皮、面粉等，动物性饲料中喜食蚯蚓、小杂鱼、鱼粉、劣质鲜鱼块等。可按30%～40%动物性饲料、60%～70%植物性饲料搭配喂养。在池塘四周遮挡物少的浅水区设多处投饵区。日投喂量随虾体增长逐步降低，一般占虾体重5%～10%。日投3次，时间在上午6～7点，下午4～6点，晚上9点左右。夜间投喂量应占全天投喂量的70%左右。

2. 黄鳝投喂

黄鳝投喂以动物性饲料为主，植物性饲料为辅。常用的饲料有如下。

（1）活小杂鱼。直接投喂，投喂量为黄鳝体重的5%～6%，不需要驯食。

（2）鲜死鱼或冰冻鱼。投喂方式主要有两种：一是把死鱼剁成块进行投喂；二是把死鱼绞成浆进行投喂。投喂量一般为黄鳝体重的5%～6%。

（3）投喂其他饲料。主要是投喂蚯蚓、蚌肉、一些动物下脚料，还有麦麸、浮萍等。需注意的是，小鱼要用清水清洗后投喂，大规格的鱼要用开水煮一下再投喂，河蚌肉要通过冷冻，冻死体内的蚂蟥后投喂。饵料过剩时，要及时将饵料打捞出池，以防水质恶化。无论使用哪种饲料，每天投喂要定时、定量，每次以15min吃完为度。

四、水质调控

池塘水质应始终保持肥、活、嫩、爽，透明度在35cm左右，

pH 7.0~7.5。虾种入池时，水深掌握在 0.6~0.8m，以后每隔 10~15 天注水一次，最高水深控制在 1.8~2.0m。池塘换水至少 15 天一次，每次 1/5~1/4，使虾池溶氧维持在 4mg/L 以上；每 15~20 天泼洒生石灰（5~10kg/亩）一次，以改善水质，增加钙质，利于蜕壳。

五、日常管理

坚持早、晚巡塘，观察龙虾的摄食、生长、蜕壳等情况。经常检查箱体，防止网箱被淹或箱体入水过浅；有洞及时修补；箱内生长过旺的水草要割去，以防水草长出箱外而出现逃鳝现象。经常检查进、排水口的过滤网，防止被龙虾破坏而使虾外逃或野杂鱼等进入。雷雨闷热等恶劣天气，要减少或停止投饲。7~9 月是小龙虾一年中最易缺氧浮头的季节，一定要在晚上增加巡塘次数，定时开启增氧机冲水，防止其浮头。增氧机一般凌晨 1 点至日出前开，阴雨天全天开，有时为使池底充气、曝气，在晴天的下午 2 点左右增开 1 次，以预防小龙虾浮头。一旦出现浮头要及时加注新水。

六、病害防治

虾鳝立体生态养殖的病害发生率较低，养殖过程中应以防病为主。主要方法是：在鳝种和种虾投放前，进行药浴消毒。每隔 20~30 天全池泼洒聚维酮碘一次，每亩水深 1 米水体用 300~500mL，以预防细菌性疾病。每隔 10~15 天拌食投喂蠕虫净，预防黄鳝体内寄生虫。须注意的是，养殖过程中切忌使用敌百虫防治黄鳝、小龙虾的寄生虫病。

七、小龙虾捕捞

在每年 4 月下旬开始捕捞小龙虾，采用捕大留小的方法，用网目 2cm 直立形虾笼重复捕捞，将诱饵放入虾笼内，沉入池塘。一般是捕 2 天，停 2 天。投放尾重为 50g 左右规格的鳝种，经 5 个多月的饲养管理，其尾重一般可达 150g 左右，大的可达 200g 以上。起捕方法比较简便，前期可用竹篾编织的黄鳝笼，内放蚯蚓等饵料诱捕，傍晚放笼于网箱中，第 2 天清早便可收笼取鳝。

实践证明，这种养殖模式有以下 3 个优点：一是充分利用池塘资源，大幅提高了池塘的使用效益。二是改善养殖水质条件，可有效降低虾鳝病害的发生，提高虾鳝养殖产量和效益。在黄鳝养殖过程中，投喂的动物性饲料，不可避免地会有食物外溢或剩余，在夏天高温水体中，易腐败变质、污染水体，导致水体浮游生物大量繁殖，诱发黄鳝病害。而小龙虾摄食的习性就是喜吃腐烂性动物残食和浮游生物，可消除外溢或剩余食物，确保养殖水质健康。三是有效减少养殖换水、调水次数，降低养殖成本。

第七节　稻田虾、鳝养殖技术

黄鳝的经济价值较高，在稻田小龙虾养殖模式中加入黄鳝养殖，不仅可提高稻田的空间利用率，还可通过黄鳝捕食稻田昆虫，减少稻田农药使用量，有效保障水稻绿色、健康生产。因此，在稻田进行虾、鳝养殖具有较高的经济效益和生态效益。本节拟对稻田虾、鳝养殖技术进行总结介绍，以期为稻田综合种养技术的推广应用提供技术支持。

一、稻田准备

要求稻田相对平整、开阔、连片，排灌设施完善，周边无污染源，耕作基础条件较好，无不良环境影响。在小龙虾苗种和黄鳝苗种投放前（3 月左右）需对稻田进行改造，具体改造标准为：①围绕稻田四周的环沟为三面开沟，沟深 60~80cm、沟宽 150~200cm，环沟面积不超过稻田面积的 7%；田内沟为"田"字形分布，沟深 15~20cm、沟宽 10cm，以利于水体流动和排灌方便。②稻田田埂需加高、加宽，高度不低于 50cm，宽度在 150cm 以上。③稻田四周需加设防逃设施，可用硬质塑料板将稻田围住，其中围栏要埋在田埂内 20~30cm，高出地面 70~80cm，且要求围栏尽量光滑平整，以防小龙虾借力逃逸。④稻田的进水口和排水口要设在稻田对角线的两端，其中，进水口地势要高于出水口，故一般进水口设在田埂上；排水口配置 PVC 弯管，用于控制环沟和田内沟的水位。

稻田改造后，需每亩用生石灰 100kg 对环沟进行消毒。待消毒结束后，环沟内需保持深 50cm 的水位 2~3 天，然后排干再次灌水。3~5 天后，即可在环沟内栽植水生植物（如狐尾藻、水花生、轮叶黑藻等），栽植面积宜控制在环沟面积的 20% 以内。在水稻生长季节要特别注意水生植物的生长，若水生植物生长过于旺盛，需及时清除部分水生植物，防止其疯长而影响稻田环境。同时，在小龙虾苗种和黄鳝苗种投放前，环沟内可每亩投放螺蛳、水蚯蚓等有益生物 100~200kg，为小龙虾和黄鳝提供天然饵料。

二、水稻栽培

稻田虾、鳝养殖技术中的水稻栽培技术与常规水稻栽培技术差异不大。具体技术为：选择中晚熟、抗病虫害、抗倒伏、可深灌的水稻品种进行种植；一般在 6 月中上旬进行栽植，采用宽窄行种植，株行距为 30cm×15cm；基肥每 $667m^2$ 施有机肥 200~250kg、磷酸氢铵 15~20kg（或钙镁磷肥 30~50kg 或氨水 25~50kg），在稻秧青苗期追施 1 次苗肥，每亩施碳酸氢铵 2.5~5.0kg 或尿素 7~10kg 或硫酸铵 12.5~15.0kg 或钙镁磷肥 15~20kg；其他栽培技术同常规栽培。

三、小龙虾苗种和黄鳝苗种投放

稻田小龙虾养殖一般分 2 次投放虾苗，第 1 次在 3~4 月（即稻田改造完成后）投放，一般每亩投放规格为单只重 2.5~5.0g 的虾苗 50~75kg；第 2 次在 8~10 月投施，投放规格不变，每亩投放量为 25~30kg。稻田黄鳝养殖可选用深黄大斑鳝，挑选无伤痕、健康、活跃的鳝苗投放，并在投放前对黄鳝苗种进行消毒，以消灭体表病原菌，一般每亩投放规格为单尾重 20~30g 的鳝苗 10~20kg。

四、水体管理

在稻田改造完成后，3月，环沟水位要保持在深30cm以上；4月，当水温维持在20℃左右时，环沟水位要保持在深50~60cm；5~6月，进行水稻栽植时，稻田内水位要适当降低；夏季高温期间，当水下10cm处的水温超过30℃时，要及时换水，并提高环沟内的水位，一般每10~15天换1次水；施药前也要提升环沟水位，并在施药完成后及时换水，且换水时要求水流要缓，以免水温骤降引起黄鳝感冒（一般要求换水时水温温差不超过3℃）；10~11月，稻田内水位应保持在深30cm以内；12月至翌年2月，小龙虾和黄鳝处于越冬期，环沟内水位可保持在深40~50cm。

五、黄鳝和小龙虾的病害防治

稻田养殖虾、鳝的主要病害为烂尾病、肠炎病、赤皮病、腐皮病、出血病。具体防治措施：①烂尾病。注意稻田水质和环境卫生，避免细菌繁殖，病鳝、病虾可用多益善1号2~5g/t水泡3~4天，并每天换水1次。②肠炎病。每半月用生石灰10g/m³消毒水体1次，及时清除水体内残饵和粪便，饲料内拌抗菌素（0.2%肠炎灵、0.3%~0.5%土霉素、0.1%氟哌酸等）。③赤皮病。用漂白粉1g/m³全池泼洒，饲料内拌三黄片、磺胺、红霉素等。④腐皮病（打印病）。用鱼安0.3g/m³或红霉素0.25g/m³全池泼洒，虾、鳝内服0.1%新诺明或0.3%土霉素，连服3~5天。⑤出血病。用金霉素0.25g/m³全池泼洒（或泼洒鱼血停或生石灰），虾、鳝内服1%~2%三黄粉。

六、黄鳝和小龙虾捕捞

黄鳝的捕捞一般在水稻收获后、11月前完成，规格达100g/尾以上即可作为商品鳝进行销售。

黄鳝捕捞一般采用以下3种方法：①利用黄鳝喜在微流清水中栖息的特性，将稻田水缓慢排出1/2，再从进水口投入微量清水，出水口继续排出与进水口相等的水量，同时在进水口设置一个网片，每隔10分钟取1次网，可起捕60%的黄鳝。②利用黄鳝喜吃新鲜活饵的特性，用竹篾制成带有倒刺的鳝笼，内置新鲜饵料（如新鲜小鱼、小虾、小青蛙、蚯蚓、猪肝或鸡肝），再用木塞或草团塞紧笼口，于晚上6~7点，将鳝笼轻轻放入稻田沟中，每4~5m放1只笼子，待1h后取笼收鳝。③每年11~12月，利用黄鳝开始越冬穴居的特性，将稻田水排干，待泥土能挖成块时，翻耕底泥，将黄鳝翻出拣净，按规格大小分开，商品鳝暂养待售。

5~7月即可对第1批投放的达到上市标准的商品小龙虾进行捕捞，未达标的小龙虾继续在田内养殖；第2批投放的小龙虾可在翌年3~4月进行捕捞，一般成虾规格达到30g/只以上时，即可捕捞上市。

小龙虾常用的捕捞方法为：①虾笼或地笼诱捕。即利用小龙虾贪食的习性，在捕捞前适当停食1~2天，捕捞时在地笼或虾笼中适当加入腥味重的小鱼等，引诱小龙虾进入地笼。②急流聚捕。利用小龙虾逆水爬行的习性，采用急速水流排放池水，池中的成虾感应水流而顺流行动，迅速聚集于一处，进入稻田收捕水坑中的网箱或网袋，然后收虾。此法适用于稻田中大部分小龙虾达到上市规格且需大批上市的情况。

七、效益分析

具体效益为：①经济效益。稻田养殖虾、鳝可有效提高小龙虾和黄鳝的养殖成活率，降低养殖成本和风险，推动小龙虾和黄鳝产业化发展。仅考虑小龙虾和黄鳝养殖的经济效益，每亩收入可达7000元，每亩利润在4000元以上（按每亩稻田年产商品小龙虾100kg和黄鳝25kg，小龙虾价格为50元/kg、黄鳝价格为80元/kg计算），具有较高的经济效益。②生态效益。稻田养殖虾、鳝属于生态养殖，可充分利用农业废弃物，最大程度地减少稻田的化肥和农药用量，生态效益极为显著。

第八节 庭院养殖黄鳝的高效技术

黄鳝的庭院养殖就是利用农村房屋前后的空地，改造或修建成鱼池，进行黄鳝的养殖。例如，土博镇水资源丰富，庭院养殖黄鳝的养殖户比较多，养殖技术也比较成熟。自 2003 年开始，其养殖规模逐年扩大，养殖户由原来的 40 户发展到现在的 500 多户；养殖面积由原来的 1000m² 扩大到现在的 40000m²。养殖户仅此一项每年可增加 5000 元以上的收入。

一、黄鳝池的选建

黄鳝池最好选在通风、向阳、有水源的房屋附近；面积视养殖规模而定，多数在 10～100m²；形状可设计为圆形、长方形或正方形。黄鳝池最好用砖石砌成，水泥沙浆勾缝，土池需用三合土填底；池深 1.0～1.5m；进、出水口均需打开，且都必须设置防逃网；防逃网最好使用不锈钢材质，既耐用又有利于水质清洁。为了防止黄鳝外逃，池壁顶部要用砖块砌成"T"形；池坎顶部应高出水面 30cm以上。由于黄鳝喜欢打洞，池底需铺石块、砖头或树根等，再在上面垫一层 30cm 厚的泥土；泥土可选用含有机质较多或用青草、牛粪沤制的土壤，这种土壤的土质松软适度，便于黄鳝打洞潜伏；另外，选用的泥土不能过稀，否则会发生黄鳝混穴、相互干扰乃至相互残杀的现象，不利于黄鳝的生长。新建的黄鳝池，需灌满水消毒 7 天后放干，重新注入新水并放试水鱼（鲢鱼或鳙鱼苗）以测试池水有无毒性，在确定池水无毒后，再放入黄鳝种苗进行养殖。池水一般保持在 10～15cm，池水面可适当放养水葫芦或水浮莲等水生植物（其放养的面积要求在 50% 以下），既可为黄鳝遮阴，又能降低水温，有利于黄鳝生长。

二、黄鳝种苗的来源和放养

黄鳝种苗最好是从正规的鱼种场购买，其次是到自然的河流或水塘中捕获，最后是在市场上采购。不管是哪种途径获得的黄鳝种苗，都要求体格健康、无伤无病、无寄生虫等。

池水温度稳定在15℃以上，即可投放黄鳝种苗。投放的黄鳝种苗要求规格整齐，大小不同的黄鳝种苗必须分池饲养。放养前必须用3%~5%的食盐水浸泡15~20min，或用15~20mg/L高锰酸钾溶液消毒5~10min，以杀灭黄鳝种苗体表的病原体。选用40尾/kg的黄鳝种苗，放养密度以3kg/m²为宜。为了充分利用池中的残余饲料，保持泥土中水和空气的畅通，防止黄鳝因密度过大发生混穴、相互缠绕和鳝病的现象，可在池中混养泥鳅，其放养密度为8~10尾/m²，泥鳅在池中上下窜动，可改善水体环境，增加溶氧量。

三、饲养管理

1. 科学投喂

黄鳝是以肉食为主的杂食性鱼类，特别喜欢吃鲜活饲料，如小鱼、虾、蚯蚓、蚕蛹、畜禽内脏等，平时也可投喂米糠、麦麸、瓜果等植物性饵料。当水温稳定在15℃以上时，黄鳝开始摄食；25~30℃时摄食旺盛。因此，5~9月是黄鳝的摄食盛期、生长季节，要加强投喂，一般投饲量为黄鳝体重的3%~5%；在生长旺季的6~8月，投饲量可增加到6%~7%。根据黄鳝夜间觅食的习性，可在下午4点以后或傍晚投饲，投喂时必须严格按照"四定投饵"原则进行，每天投喂1~2次即可。

2. 适时管理

春秋季节6~8天需换一次水。夏季2~3天换一次水，换水量为池水总量的1/3，若长期有微量流水流通则更为理想。冬季要注意防寒，池水温度降到15℃以下时，黄鳝开始钻入泥土层深处越冬，越冬时间一般会延续到翌年2月。在越冬期间，应放干水，并在泥土上面铺一层稻草，以保持泥土的湿润度和土层中的温度。池水水位最好保持在10~15cm，不宜超过20cm；在无冰冻时，也可把水位加深到50~60cm，以帮助黄鳝安全越冬。每天要清除池中的残饵和杂物，保持池水长期清新。

3. 其他措施

要经常检查进、出水口处的防逃网是否有漏洞；洪水季节，要特别做好防逃工作；还要防止农药污染和老鼠、蛇、猫等的危害。

4. 疾病防治

黄鳝抗病能力强，很少生病，饲养期间每隔 15 天用 350mg/kg 生石灰水消毒 1 次，或用 1mg/kg 漂白粉溶液全池泼洒，能有效预防疾病。黄鳝一般有毛细线虫病、打印病、肠炎等疾病。

（1）毛细线虫病。主要是毛细线虫寄生在黄鳝肠道的后半部，破坏其肠壁黏膜组织并引起发炎，造成黄鳝食欲不振，最后消瘦死亡。治疗可用 0.7mg/kg 的晶体敌百虫（90%）溶液全池泼洒，或在 1kg 饲料中加入 3~5g 晶体敌百虫（90%）投喂，连喂 6 天可治愈。

（2）打印病。表现为黄鳝体表、背部及两侧出现圆形红斑，严重时表皮腐烂。治疗可用 0.3mg/kg 强氯精全池泼洒，24h 重复 1 次即可治愈；以后每隔 15 天用强氯精全池泼洒，可预防该病。

（3）肠炎。主要是细菌性肠炎，患病黄鳝不吃食，肠内无食物且充满腥臭的黏液，肛门处红肿。用大蒜素 0.2g/kg 体重做成药饵投喂，或用 15~20mg/kg 穿心莲全池泼洒，连用 4~6 天，可治愈。

5. 收获

捕获黄鳝的方法主要有钩捕、网捕、笼捕及干塘捕等。其中，前 3 种是把蚯蚓、猪肝等黄鳝喜欢吃的饵料放在鱼钩、网内或笼内进行诱捕；干塘捕就是把池水放干，待泥土能挖成块状后，用铁锹依次翻土取鳝，捕大出售，留小作为第 2 年鳝种。翻土时应尽量避免鳝体受伤。

第六章　黄鳝的营养需求与饵料种类

第一节　黄鳝营养需求

黄鳝需要摄食营养全面的食物来维持生长、繁殖以及其他正常生理活动所需的能量。只有满足营养需要，黄鳝才可以最佳地生长，获得最佳的产量并保持良好的健康状况，从而获得最高的利润和最佳的经济与生态效益。黄鳝具有肉质细嫩、味道鲜美，富含不饱和脂肪酸，有滋阴补肾的药用价值和食用价值等特点，在国内外市场上销量大、价格高，因而在我国形成了一股黄鳝养殖热潮。因此，全面了解和掌握黄鳝不同生长阶段对营养成分的需要，对提供最佳配比的饲料，进而提高黄鳝养殖产量和增加经济效益具有非常重要的指导意义。黄鳝同其他鱼类一样，要维持生命活动的能量供应、更新体内损坏的组织和细胞、保持身体生长和增重，都必须从外界环境中获取蛋白质、脂肪、碳水化合物、维生素、无机盐和矿物质等营养物质。黄鳝对这些营养物质的需求量有相对固定的比例，而这种比例也会受到彼此相对含量的相互影响。黄鳝的不同生长期和生长速度对各种营养的需求量也有所差异。

一、蛋白质及氨基酸的需求

鱼类的生长主要是指蛋白质在体内的积累，鱼粉是传统黄鳝饲料的主要蛋白源。当饲料中蛋白质含量为45.0%时，黄鳝（50~75g）的增重率和饲料转化率达到最佳状态。幼鳝对饲料蛋白质的适宜需求量为48.51%~52.60%。

黄鳝对蛋白质的利用取决于蛋白质中氨基酸的水平与比例，因此饲料中氨基酸的平衡决定了饲料的养殖效果。赖氨酸、蛋氨酸、精氨酸、亮氨酸、异亮氨酸、苏氨酸、苯丙氨酸、组氨酸等 10 种必需氨基酸也是黄鳝的必需氨基酸，为配制营养均衡的饲料，就必需明确不同品种、不同生长阶段黄鳝对氨基酸的需要量。目前，关于黄鳝氨基酸需求方面的研究较少，可采用肌肉氨基酸模式来为黄鳝配合饲料中氨基酸的平衡提供科学指导。

二、脂肪及脂肪酸的需求

鱼类难以利用碳水化合物来提供能量，对脂肪的利用率高，因此脂肪是鱼类能量的主要来源。饲料中适宜的脂肪含量可促进黄鳝的生长，如果脂肪含量不足，则需要消耗蛋白质来提供能量，导致饲料蛋白质下降，还可能影响脂溶性维生素、色素等的吸收，影响生长。但饲料中脂肪含量过高又会导致黄鳝产生代谢紊乱，体脂肪沉积过多，容易诱发脂肪肝，降低免疫力。

相关研究表明，黄鳝饲料中总能为 $11.5 \sim 12.5 kJ/g$，脂肪占 $3\% \sim 4\%$ 时生长性能最佳。当黄鳝蛋白质为 35% 时，随着饲料中脂肪含量的升高，生长性能先升高后降低，当脂肪含量为 10% 时生长性能最好。0.70% 的十二碳五烯酸（EPA）、二十二碳六烯酸（DHA）可以促进黄鳝的脂类代谢，显著提高其生长和繁殖性能。大豆油、亚麻油、猪油替代鱼油可基本满足黄鳝生长对脂肪酸的需要，其中以大豆油最佳。

三、碳水化和物的需求

碳水化合物是仅次于蛋白质和脂肪的第三大有机化合物，也是自然界含量最丰富、分布最广的有机物，由碳、氢、氧三种元素构成。碳水化合物需要在消化器官内被酶分解为单糖，才能被黄鳝机体所吸收和利用。

不同鱼类对碳水化合物的消化利用率不同，一般而言，草食性最高，其次是杂食性、肉食性。黄鳝饲料为膨化饲料，需要一定量的淀粉才能膨化，但若饲料中碳水化合物含量过高，又会降低胃蛋白酶活性。杨代勤等对捕获的野生黄鳝进行相关研究，当饲料中糖含量为24%～33%、磷氮比为31.6～38.9时，黄鳝生长最佳。熊文明使用蔗糖、葡萄糖、马铃薯淀粉、玉米淀粉、小麦粉和木薯淀粉6种不同糖源制作饲料，结果表明，小麦淀粉在促进黄鳝生长上的作用显著优于其他糖源，同时还可以提高饲料利用率，增加黄鳝的摄食量，是黄鳝饲料糖源添加的首选。

碳水化合物是最廉价的饲料能量物质，黄鳝对它的消化和吸收具有选择性，如利用淀粉、糊精等多糖比利用双糖和单糖更容易，对 α-淀粉的消化率可达89%～90%，对木质素和纤维素则吸收率很低或不能消化吸收。黄鳝饲料中糖水平超过一定限度会引发鱼类抗病力低、生长缓慢、死亡率高等现象，如饲料中淀粉含量过高，黄鳝血糖含量就会升高而引起类似温血动物糖尿病的病症。用糖更高的饲料，黄鳝体内过多的糖类会转化为脂肪储存于体内，造成体内和肝脏的脂肪累积，从而引起营养性脂肪肝。饲料中糖水平过低时，黄鳝则不得不利用饲料中的蛋白质和其他营养物质，导致其不能充分地生长，降低黄鳝的生长效率，从而降低了养殖黄鳝的经济效益。因此，在黄鳝的配合饲料中添加适量的碳水化合物，可以减少蛋白质作为能量被消化，增加脂肪的积累，特别是在当前价格昂贵的鱼粉短缺的情况下，可以缓解对鱼粉的过分依赖，从而降低饲料成本，提高经济效益。此外，从环保的角度出发，在黄鳝的配合饲料中添加适量的碳水化合物还可以减轻氮排泄对养殖水体的污染。

四、维生素的需求

维生素是动物维持正常生理功能所必需的非常重要的一类微量物质，是营养物质重要的调节与调控因子，然而其在黄鳝体内不能合成，需要靠食物提供。目前，对黄鳝维生素需求方面的研究较少，主要集中在维生素C、维生素D、维生素E、胆碱这4类。研究表明，饲料中添加400～800mg/kg的维生素C时，黄鳝能获得最好的非特异性免疫。当饲料中维生素E含量达到275mg/kg时，黄鳝的性腺指数、产卵力以及孵化率达到最高，之后差异不再显著，因此张国辉等建议黄鳝饲料中添加 200mg/kg 的维生素 E。杨代勤指出，当饲料中胆碱含量低于 0.8% 时，会显著降低饲料效率和影响黄鳝生长性能，饲料中胆碱最适宜添加量为 0.8%～1.0%。而陈芳等的研究表明，黄鳝饲料中胆碱最适添加量为 0.8%～1.2%。李超等研究发现，在饲料中添加 1000IU/kg 的维生素 D_3 能显著提高黄鳝生长性能，增强免疫力，改善肉质。曹志华等的研究表明，从黄鳝非特异性免疫因子的影响来看，饲料中维生素 C 的最佳添加量为 150.0～200.0mg/kg。黎德兵等的研究表明，饲料中添加适宜水平（500 和 1000IU/kg）的维生素 D_3 能增强黄鳝的免疫功能，提高其对病菌的抵抗能力；饲料中维生素 D_3 水平过高或缺乏均会导致黄鳝免疫功能低下。胡重华等综合生长性能、血清转氨酶活性、肝脏显微结构等指标得出，黄鳝对维生素 A 的需求量为 3230～5020IU/kg。

天然食物中都含有少量维生素，而黄鳝的每天需要量也很少，以毫克或微克计，但是维生素是黄鳝体内不可缺少的营养物质，对维持黄鳝正常生长和健康非常重要。任何一种维生素缺乏或过量都会影响黄鳝对其他营养元素的吸收和其正常生长。维生素长期不足时会导致相应的缺乏症，如缺乏维生素 C 会导致黄鳝患肠炎、贫血、抵抗力下降等。由于各组饲料原料中大豆含有一定数量的维生素，于饲料中注意选择和搭配成分，完全可以满足黄鳝对维生素的需要。如一般青饲料中含有维生素 C、胡萝卜素、维生素 E 和维生素 K 等，且酵母、麸皮、米糠等含有较多的维生素 D。

五、矿物质的需求

矿物质又称为无机盐，是地壳中自然存在的化合物或天然元素。矿物质和维生素一样，不能通过黄鳝自身合成，但又在机体内到处存在，特别是骨骼中含量最多。矿物质可作为机体渗透压调节剂、酶的辅助因子、生物电子传递物质、骨骼的主要组成成分，它的作用是多方面的。

根据在黄鳝体内的含量矿物质分为常量元素和微量元素两大类。

常量元素是指黄鳝体内需要量较多的矿物质，如钙、磷、钠、硫、钾、氯、镁，占体内矿物质总量的 60%~70%。微量元素是指黄鳝体内需要量较少的矿物质，如铁、铜、锌、锰、钴、钼、硒、碘、铬等。矿物质的生理功能是多方面的，如是构成骨骼的主要成分和构成柔软组织不可缺少的物质，以离子的形式存在调节黄鳝体内外的渗透压、保持机体酸碱平衡，是酶的重要组成成分。

黄鳝饲料中无机盐的适宜添加量为 3%。饲料中磷含量为 1.10% 时，生长性能最佳。黄鳝配合饲料中的矿物质含量通常在 3%~5%，同时还要注意各种矿物质的配合比例。在黄鳝体内，各种矿物质互相之间存在协同和拮抗效应，尤其是有些矿物质需要量很少，过量摄入容易中毒。因此，只有了解各组矿物质的生理功能，才能更好地利用。黄鳝对钙和磷的需要量较大，它们是组成黄鳝骨骼的主要成分，黄鳝体内总钙量的 98%、总磷量的 80% 存在于骨骼中。除了钙和磷参与黄鳝骨骼的形成外，如果缺乏镁则会使黄鳝出现食欲不振、生长缓慢、活动呆滞等现象。铜是黄鳝细胞色素酶和皮肤色素的组成成分，也是红细胞生成和保持活力所必须的，缺铜或者铜过高都会引起黄鳝贫血，并造成生长减慢。锰是磷酸转移酶和羧酸酶等的激活剂，同时也参与黄鳝的生殖活动，缺乏时会引起黄鳝生长缓慢、体质下降和生殖能力下降。铁是血红蛋白和肌红蛋白的组成成分，参与黄鳝体内氧气和二氧化碳的运输，缺铁会引起黄鳝的贫血现象。锌参与核酸的合成，同时也是许多金属酶的组成成分，可以促进黄鳝生长发育，使其维持正常的食欲，提升细胞免疫功能，同时还影响组织中铁和铜的含量。如果黄鳝缺锌，会引发生长发育不良、厌食和异食现象等。除了以上矿物质外，缺乏碘会导致黄鳝甲状腺肿的发生，缺乏硒会导致维生素 E 的不足，从而引起肌肉营养不良。饲料原料中尽管含有各种矿物质元素，但往往含量不足，需要以添加剂的形式加入。矿物元素的添加应根据主原料的基础含量，结合当地的水土情况以及矿物元素及矿物质之间的相互作用，针对性地于预混料中补充。

六、其他需求

饲料中添加免疫多糖对黄鳝生长性能无不良影响，但可以提高免疫应答；添加壳聚糖可提高黄鳝血液中的溶菌酶活性；添加0.4%的纳豆芽孢杆菌能显著提高消化酶活性，促进生长；添加2%的有效微生物群（EM菌）生长速度最快，饲料系数最低；添加葡萄籽发现，当添加量为20~30g/kg时可显著提高生长性能，过高则会抑制生长；添加不同的中草药表明，五加皮、茯苓、黄芪及此三种混合物均对黄鳝增重有显著的促进作用，其中以五加皮效果最好；添加0.5%的互花米草生物矿物质液时，可显著提高黄鳝的增重率。

第二节 黄鳝饲料种类

一、动物性饲料

天然动物性活饵料的营养成分全面，能满足黄鳝的营养所需，特别是黄鳝养殖的早期饵料，需利用天然活饵料，即使幼鳝、成鳝可用人工配合饲料投喂，也依然需要一定的天然活饵料作为训食的诱饵。规模化养殖黄鳝，如将天然活饵料与配合饲料混合配用，相互补充，既可充分利用天然活饵料，又可降低生产成本。动物性鲜活饵料可采用如下途径获取：一是人工采捕和收集水生和陆生动物性饵料。在湖区渔业资源丰富的天然水域，可设定置网具定时捞取新鲜的小杂鱼、小虾；也可设点收购鲜鱼虾、螺、蚬、蚌和各种水生昆虫等；还可在池上搭棚架种植爬藤植物，在距水面20cm处吊挂蒙有黑布的电灯，用灯光诱捕飞蛾等昆虫供黄鳝摄食。二是人工培育水生和陆生动物性饵料。可利用小块零星荒地、房前屋后、庭院边角、废旧沟塘等，自行培育黄鳝喜食的水蚯蚓、蚯蚓、蝇蛆、福寿螺和黄粉虫等；或采用施肥培水方法大量繁殖浮游生物。此外，还可以利用其他动物性饲料，如收集畜、禽的下脚料，将其洗净、切碎、煮熟后投喂；还可以收集蚕蛹，将其晒干后投喂。

　　为了确保黄鳝的生长和发育，饲料的供应成了养殖过程中至关重要的环节。黄鳝动物性饲料作为主要的饲料形式，对黄鳝的生长和健康发挥着关键作用。

　　黄鳝动物性饲料主要包括鱼粉、虾粉和其他动物源性原料。鱼粉是一种常见的饲料原料，由各种鱼类经过干燥、研磨和加工处理制成，具有高蛋白质和丰富的氨基酸，能够满足黄鳝对蛋白质的需求。虾粉是由虾类经过干燥和粉碎制成，富含高品质蛋白质和必需脂肪酸。另外，还可以添加一些鱼肉、虾肉和其他鱼虾副产物作为饲料，充分利用水产加工过程中产生的副产物提高资源利用率。

　　黄鳝动物性饲料的供给对于黄鳝的生长和体质发挥着重要作用。黄鳝是肉食性鱼类，对蛋白质的需求较高。蛋白质作为黄鳝体内组织和酶的组成成分，对黄鳝的正常生长、免疫功能和生殖能力等方面起着重要作用。动物性饲料中的鱼粉和虾粉等，能够提供高品质的蛋白质和丰富的氨基酸，为黄鳝提供充足的营养，保证其健康发育和提高产量。

　　黄鳝动物性饲料还能够为黄鳝提供多种必需脂肪酸和微量元素。脂肪酸是构成黄鳝体内脂肪组织和细胞膜的重要物质，对于黄鳝的生长、抵抗病原菌和免疫功能的发挥起着重要作用。动物性饲料中的虾类和鱼类，脂肪酸含量丰富，能够提供这些必需脂肪酸，满足黄鳝的营养需要。另外，黄鳝动物性饲料中还含有丰富的矿物质和微量元素，如钙、磷、铁、锌和锰等。这些微量元素也是黄鳝生长发育和代谢所必需的，可以促进其健康生长和免疫力的提升。

　　然而，黄鳝动物性饲料的使用也存在一定的问题和挑战。首先，鱼粉和虾粉等动物性饲料的价格相对较高，对养殖成本造成一定的压力。其次，动物性饲料的供应可能受到采购和生产过程中的波动和不稳定因素的影响，需要合理规划和管理，以确保饲料供给的稳定性。最后，饲料原料的质量和来源也需要严格控制和监管，以避免对环境和水质造成污染，保证黄鳝养殖的安全和质量。

　　综上所述，黄鳝动物性饲料作为黄鳝养殖中的重要组成部分，对于黄鳝的生长和发育起着关键作用。动物性饲料中的鱼粉、虾粉

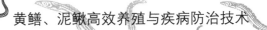

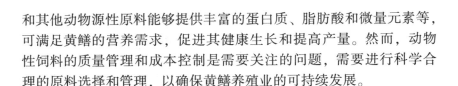

和其他动物源性原料能够提供丰富的蛋白质、脂肪酸和微量元素等，可满足黄鳝的营养需求，促进其健康生长和提高产量。然而，动物性饲料的质量管理和成本控制是需要关注的问题，需要进行科学合理的原料选择和管理，以确保黄鳝养殖业的可持续发展。

二、植物性饲料

植物性饲料在黄鳝养殖中具有许多潜在优势。首先，植物性饲料可以降低黄鳝饲养过程中对环境的影响。动物性饲料制备通常需要大量的捕捞和加工过程，对于捕捞压力和海洋生物多样性造成了负面影响。而植物性饲料主要以农作物和植物副产物为原料，可以降低对野生资源的依赖，减少环境污染。其次，植物性饲料可以提供黄鳝所需的营养物质。黄鳝需要蛋白质、脂肪酸、碳水化合物和维生素等多种营养物质来保持正常生长和健康状态，许多植物性饲料富含这些营养物质，如大豆、豆粕、玉米和米糠等。通过正确配比和加工处理，可以将这些植物性原料转化为营养丰富的饲料，满足黄鳝的营养需求。最后，植物性饲料成本更低。相比于动物性饲料，许多植物性原料价格更为经济实惠，降低了养殖成本。另外，植物性饲料的生产过程也更为简单和高效，节约了人力和资源。

然而，植物性饲料在黄鳝养殖中也存在一些问题。首先，一些植物性饲料可能含有抗营养因子，如非淀粉多糖、酚类物质和酮酸等，可能对黄鳝的吸收和生长产生负面影响。因此，在使用植物性饲料时，需要合理配比和处理，以降低这些抗营养因子的影响。其次，植物性饲料的可消化率可能较低，需要通过加工处理提高其可消化性。最后，由于植物性饲料的成分和质地可能与传统的动物性饲料不同，因此需要逐步调整黄鳝对植物性饲料的适应接受能力。

综上所述，植物性饲料在黄鳝养殖中具有可行性和潜在优势。通过科学合理的配比、适当的加工处理和养殖管理，可以为黄鳝提供营养均衡的植物性饲料，同时可减少对野生资源的依赖和环境的影响。随着技术的进步和研究的不断深入，植物性饲料将在黄鳝养殖中发挥越来越重要的作用。

三、人工配合饲料

配合饲料是将各种原料按照一定比例调制而成的人工饲料。它的优点是可发挥各种原料成分间的互利互补作用，从而全面地满足黄鳝营养上的需要，提高饲料效率，降低饲料系数，减少损失，节约成本。黄鳝配合饲料的蛋白质含量要求较高，一般在35%~45%，甚至更高。同时可加入一定的蚯蚓、蝇蛆等来增强饲料的诱食性、适口性，并且其动物性饲料的比重要远大于植物性饲料。

为了满足黄鳝的营养需求，人工配合饲料成了养殖过程中不可或缺的一部分。黄鳝人工配合饲料的质量管理是确保黄鳝健康生长和高产的关键。

黄鳝人工配合饲料的制备需要结合黄鳝的生理特点和营养需求进行。黄鳝是以肉食为主的鱼类，对蛋白质的需求较高。因此，合适的蛋白源是黄鳝饲料中的关键成分之一。普通的蛋白质来源包括鱼粉、虾粉、豆粕等，这些原料含有丰富的氨基酸，可以满足黄鳝生长和发育所需的蛋白质。

除了蛋白质，黄鳝饲料还需要提供适量的脂肪、碳水化合物和维生素等。脂肪是能量的重要来源，对于黄鳝的幼鱼阶段尤为重要，有助于促进其脂肪堆积和生长。碳水化合物作为能量储备物质，有助于黄鳝的生理活动和消化吸收。维生素是调节黄鳝机体代谢和生理功能的必要物质，特别是维生素 A、维生素 D 和维生素 E 等脂溶性维生素，在黄鳝饲料中需要适量添加。

黄鳝人工配合饲料的制备过程需要考虑原料的选择和配比。在选用原料时，应注意其质量和来源，避免使用被污染或低品质的原料。同时，在配比过程中，需要根据黄鳝的生长阶段和需求进行科学合理的调整，以确保饲料营养均衡。另外，黄鳝饲料的加工过程也非常重要。通过适当的加热、压制和颗粒化等加工工艺，可以提高饲料的可消化性和可利用率，进一步提高黄鳝的生长效益。

黄鳝人工配合饲料的质量管理还需要关注饲料的稳定性和安全性。在生产过程中，要严格控制饲料的配制和储存环境，以确保饲料的稳定性和营养成分的保持。同时，要定期检测饲料中的微生物和重金属等指标，防止饲料受到污染，保障黄鳝养殖的安全性和质量。

总之，黄鳝人工配合饲料的制备和质量管理是黄鳝养殖中的重要环节。通过科学合理的原料选择、配比调整和加工处理，可以提供营养均衡、安全可靠的饲料，满足黄鳝生长发育的需求，提高养殖效益。在饲料生产过程中，还应密切关注和应用新技术，如饲料添加剂和生物技术等，不断完善和提升饲料的质量，推动黄鳝养殖业的可持续发展。

第三节　人工配合饲料的质量管理与评价

一、储藏与保管

人工配合饲料储藏与保管是养殖业中不可忽视的重要环节，直接关系到饲料的质量和使用效果，对养殖效益和动物健康起着至关重要的作用。

在人工配合饲料的储存方面，需要选择合适的场所和设备。储藏场所应该干燥、通风、避光，避免阳光直射和被雨水浸泡。场所的温度和湿度要适中，不能过高或过低，以防止饲料受潮霉变或损失营养。同时，要保持场所的清洁卫生，避免污染和异味的产生。储藏设备可以采用密封式包装或使用储存容器，以防止虫蛀和潮湿等问题。

人工配合饲料的储藏期限需要严格控制。不同类型的饲料具有不同的保质期，养殖户需要根据具体情况控制储存时间。一般而言，人工配合饲料的保质期在 3 个月左右，超过保质期的饲料应尽量避免使用，以免营养价值降低或引起消化问题。

为了确保人工配合饲料的储存和保管效果，需要予正确包装和标示。饲料包装应使用专业的包装袋或包装桶，并密封，以防止饲料氧化和受潮。同时，包装袋或容器上需标注饲料的种类、生产日期、生产批号和成分等信息，以方便饲料的追溯和使用。

在饲料保管方面，要做好库存管理。贮藏和保管饲料，要有良好的仓库设施，要合理地堆放饲料，并加强日常管理，注意卫生。对于仓库设施来讲，贮藏饲料的仓库要不漏雨、不潮湿，防晒、防热，通风良好。对于饲料的日常管理来说，应加强库房内外的卫生管理，经常消毒、灭鼠、灭虫，注意库房四周墙脚有无空洞，若有要及时堵塞，而且饲料不应存放时间太长。如果存放条件不好或夏季高温高湿环境，更不宜存放饲料，否则会影响饲料的鲜度，尤其是脂肪含量较高的饲料，长期在不适宜的条件下存放会使脂肪氧化变质，使优质饲料变成劣质饲料。如果投喂发霉变质的饲料，不但需增大饲料喂量，甚至会阻碍黄鳝的生长发育，造成黄鳝中毒死亡，应引起养殖户的重视。

为了确保饲料质量的稳定，可以采取一些保鲜措施。例如，可使用适量的防霉剂，防止饲料霉变与寄生虫滋生。同时，在储存饲料时可采用储存剂和抗氧化剂，以延长饲料的保质期和维持饲料的营养价值。这些措施需要在遵循相应的饲养标准和法规的基础上进行，确保对动物和环境安全无害。

人工配合饲料的储藏与保管是养殖业中至关重要的环节。通过选择合适的储藏场所和设备、控制储存期限、正确进行包装和标示、做好库存管理和保鲜措施，能够有效确保饲料的质量和营养价值。养殖户应该高度重视饲料的储存与保管，加强管理，提高饲料的利用效率，为养殖业的可持续发展作出贡献。

二、质量评定方法

人工配合饲料质量的评定是养殖业中至关重要的一环，直接影响到动物的生长发育和健康状况。为了确保饲料质量的稳定和优良，需要采用科学有效的评定方法。

化学分析是评定饲料质量的重要手段之一。通过化学分析可以了解饲料中各种营养成分的含量和比例，如粗蛋白质、粗脂肪、粗纤维、灰分等。这些营养成分是饲料中提供能量和养分的重要组成部分，其含量和比例的合理性直接关系到饲料的质量。在进行化学分析时，要选择可靠的实验方法和设备，以确保结果的准确性和可比性。

饲料的物理特性也是评定饲料质量的重要指标之一。物理特性主要包括饲料的颗粒大小、形状和密度等。颗粒大小对动物的采食和消化具有重要影响，过大或过小的颗粒可能导致饲料的浪费或动物消化不良。同时，颗粒形状和密度会影响饲料的流动性和存储稳定性。对于饲料的物理特性，可以通过颗粒分析仪等设备进行测量和评价。

饲料的微生物质量也是评定饲料质量的重要因素之一。饲料中存在的微生物可能对动物的消化吸收和健康状况产生影响，特别是一些有害菌群的滋生可能导致动物感染疾病，影响生长发育。可以通过菌落计数法和聚合酶链式反应（PCR）等方法评估饲料中微生物菌群的数量和类型，了解饲料中微生物的质量。

饲料的营养价值和可利用性也是评定饲料质量的重要指标之一。饲料的营养价值主要包括能量和各种营养物质的含量和生物价值，通过动物试验或体外消化试验，可以评估饲料的能量价值和消化利用率。同时，对于某些特殊成分和添加剂，还可以进行机理研究和代谢试验，以了解其在饲料中的作用和效果。

动物实验可以评价饲料的质量。动物实验是评估饲料最直接和客观的方法之一，可以评估饲料对动物生长、免疫和生殖能力等方面的影响。通过设计合理的实验方案，采集相关指标和数据，可以评估饲料的质量和效果，并为优化饲料配方和管理提供科学依据。

人工配合饲料质量评定方法多种多样，涵盖化学分析、物理特性、微生物质量、营养价值和动物实验等多个方面。综合应用这些评定方法，可以全面客观地评估饲料的质量，为养殖业提供科学依据和指导，提高饲料的质量和利用效益，促进养殖业的可持续发展。

第七章 黄鳝的病害防治

在野生条件下，黄鳝病害较少，但在人工养殖条件下，往往容易导致黄鳝发病，一旦发病，在高密度饲养环境中就容易传染。黄鳝在高密度养殖时，由于饲养管理不善或水环境恶化引起病原滋生，会导致各种疾病的发生，影响黄鳝生长速度和成活率，尤其在苗种阶段更易受病原体侵染而造成大量死亡。由于黄鳝是高密度养殖，发病后很难根治，所以对于黄鳝疾病要坚持预防为主、防治结合的原则。在饲养过程中，要注意对水环境的养护，关注黄鳝的营养需要，精心地配比饲料，科学地投喂，发现疾病及时处理，以降低黄鳝的患病率和死亡率，提高黄鳝的成活率，提升养殖效益。

第一节　黄鳝病害发生的原因

一、环境因素

1. 鳝池

新建的鳝池，如没有用清水浸泡一段时间就放水养黄鳝，会使黄鳝因不适应而生病。而长期饲养不清池，腐殖质过多，会使水质变坏，给病原体繁殖、侵染创造适宜条件。

2. 水质

水质不佳是发病的重要原因之一。池中有机质过多、微生物分解活动旺盛时，要吸收水中大量溶解氧，同时放出硫化氢、甲烷等有害气体，使黄鳝浮头、泛池，甚至中毒死亡。气候突变也会引起池中浮游生物大量死亡，使 pH 发生较大变化。黄鳝生长繁殖适宜的

pH 为 6.5~7.8，如 pH 低于 5 或高于 9.5，就会引起黄鳝死亡；池水 pH 低于 6.2，黄鳝生长缓慢，最容易感染打粉病。如果水源池水遭污染，或向养殖池中排放工厂废水和有毒物质，也会引起黄鳝发病，甚至造成大量死亡。

3. 水温

水温对黄鳝的生长发育影响较大。黄鳝适宜在 15~30℃ 的水温中生长。一般鳝池面积比较小，昼夜温差较大，夏天高温季节水温可高达 40℃ 以上，往往会出现黄鳝被"烫死"的现象。黄鳝在不同的生长发育阶段，对水温的要求不同。运输和放养鳝苗时，盛黄鳝的容器中的水和池水的温差不能超过 2℃。

4. 放养密度

放养密度过大，黄鳝摄食不足，会导致黄鳝营养缺乏，对病害的抵抗力减弱，容易生病。

5. 溶解氧

黄鳝喜欢在含氧量较高的水体中生活，故应保持池水溶氧量上中层在 5~10mg/L、下层在 2~4mg/L。若水质恶化，溶解氧急剧减少，会引起黄鳝发病和死亡。

6. 饲养管理

黄鳝喜欢吃新鲜饵料，一旦投喂腐烂变质的饵料，会引起黄鳝患病。优良的鳝种也是成鳝生产的重要物质基础，如果苗种质劣、体瘦、规格不整齐，就容易生病，成活率不会高。

养殖环境是黄鳝赖以生存的基础，也是病害防治的重点。一方面，好的养殖环境使黄鳝有良好的生存条件，摄食量增加，从而抵抗力增加，受病害的侵扰就小很多。另一方面，好的养殖环境不利于病原体的生存繁殖，不易使黄鳝发病，如在底部缺氧的池塘中更容易爆发细菌性疾病，水质差的池塘中更容易出现寄生虫病。

二、机体因素

在同样的养殖环境下，受同样的病原体侵扰，机体免疫强的黄鳝和机体免疫差的黄鳝所表现出来的症状有很大差别。很多时候，当病原体侵扰时，机体免疫强的个体可以抵抗住，机体免疫差的个体则表现出患病症状。因此，在养殖中可以将一些免疫增强剂拌饲投喂，以增加其抗病力。

三、生物因素

一是病原菌等微生物侵害而引起病害。二是凶猛鱼类、蛙类、水蛇、水老鼠、水鸟、水生昆虫等敌害直接吞食黄鳝或间接危害黄鳝。三是投饵量不足，黄鳝之间会出现大吃小或咬伤现象。病原体是引起黄鳝发病的主要因素。在养殖中可以通过彻底清塘，挖出池塘部分淤泥，来减缓池塘中病原体的大量滋生。

四、机械性损伤

在捕捞运输黄鳝时，操作不慎会造成黄鳝体表受伤，容易感染病原体。有时用钓钩捕捞黄鳝，会使吻端、体表受伤，易感染细菌而致死。

第二节 黄鳝病害的特点与检查

一、发病特点

由于黄鳝生活在水中，发生疾病不易被发现，尤其是发病初期无明显症状，当表现出一些症状后，病情已经相当严重，用药物治疗很难达到预期效果。因此，在养殖过程中，要细心观察黄鳝的摄食与活动情况，如黄鳝食量减少、剩饵多，在池边慢游或在水中躁动不安、大批乱窜、游动异常等，要将黄鳝捕捞起来检查。

二、检查方式

1. 现场调查

从黄鳝养殖群体生长活动情况及其生长环境，全面调查发病原因，以为及时发现和正确诊断黄鳝疾病提供依据。黄鳝患病后，不仅在鳝体表现出症状，而且在鳝池中也有各种不正常的现象。例如，有的病鳝身体消瘦、食欲减退、体色发黑、离群独游、行动迟缓，手抓即着，身体呈卷龙状；有的病鳝在池中表现出不安状态，上下窜跃、翻滚，在洞穴内外钻进钻出，游态飞速；有的体表黏液脱落、离穴、神经质、窜游并且缠绕翻滚。这些可能是细菌或寄生虫的侵袭、水中含有有毒物质或者水温过高引起的，诊断时应细心观察，一般由中毒引起的，基本上黄鳝都会倾巢而出；而由细菌或寄生虫引起的，只是部分病鳝离穴。同时，注意观察是否有有毒废水流入鳝池，投饵、施肥过多而引起的水质恶化，并对水温、水质、pH、溶解氧等情况进行详细调查。总之，现场调查十分重要，不能省略。

2. 鱼体检查

一般对有明显病态或将死的病鳝进行检测，按照先体表后体内、先目镜后镜检的顺序进行。

3. 体表检查

取出病鳝，按顺序于头部、嘴、眼睛、体表、肛门、鳝尾等处细致观察。大型的病原体通常很容易见到，如水蛭、水霉等。而小型的病原体，虽然肉眼看不见，但可以根据所表现出来的症状判断。

4. 体内检查

体内检查以检查肠道为主。解剖鳝体，取出肠道，从前肠剪至后肠，首先观察肠及粪便中是否有寄生虫，然后看肠道是全部充血还是部分充血。若呈紫红色，有时肛门可见到充血，则可能是肠炎病；若有虫，为寄生虫伴发肠炎。

以上检查一般以目检（肉眼检查）为主，镜检常用于细菌性疾病、原生动物疾病等的诊断和其他疾病的辅助诊断。镜检方法是：取少量病变组织或黏液、血液等，以生理盐水稀释后在显微镜、解剖镜或高倍放大镜下检查。在诊断过程中，应以现场调查结果和鳝体检查的情况综合分析，找出病因，正确诊断，制订合理、切实可行的防治措施。

第三节　黄鳝病害的治疗方式

一、全池泼洒法

将药物用水溶解后，均匀泼洒在黄鳝池里，使池水在一段时间内保持一定的药物浓度，使黄鳝接受药液洗浴。本法杀灭病原体彻底，预防和治疗时均可使用。此法用药量大，故常用一些廉价的药物，如生石灰、漂白粉、敌百虫等。

二、浸浴法

将药物以很高的浓度配制成溶液，盛放在小容器中，把黄鳝放在小容器里浸浴一小短时间，可达到消毒、杀菌等目的。本法用药量少，用药准确，但使用时要严格控制溶液浓度、水温、浸浴时间。

三、挂袋法

将药物装在布袋里，悬挂在料台或黄鳝经常出现的地方，袋中药物不断溶解外流，使挂袋区保持较高的药物浓度。本法用药量少，安全可靠，适用于预防和早期治疗，但杀灭病原体不彻底，而且由于药物有异味，挂在食台附近对黄鳝摄食量有一定影响。

四、涂抹法

将药物直接涂抹在黄鳝身体上。该方法用药量小，但是工作量大，使用时有一定困难，适用于个别外伤或局部炎症的治疗。

五、投喂法

将药物按一定比例拌在饲料中，制成药饵投喂。此法要注意：药粉末要拌匀，以及药末要与饲料粘连，特殊情况下可以使用粘合剂来增加黏性。药的剂量与饲料的用量要计算清楚，不能影响饲料的适口性，要让药末完全渗透到饲料中。此法不需要将黄鳝打捞上来就可给药，适用于疾病预防和治疗，但对不吃食的黄鳝无用。

六、注射法

将药物直接注入黄鳝体内，较口服法进入体内的药更准确，且吸收快、安全、疗效好。但是操作起来难度较大，且容易使黄鳝受伤。此法仅用于亲鳝产后的疾病预防和治疗。

第四节　常见的黄鳝病害种类

一、病毒性疾病（弹状病毒病）

（1）病原。黄鳝主要感染弹状病毒中的病毒性出血性败血症病毒。

（2）症状。各冬龄阶段鱼均可感染，冬龄越小越易发病死亡，故亲鱼发病少。该病传染性极强，病鱼及病鱼污染物、食用鱼类的鸟类均是病毒水平传播途径。病鳝体表有血斑，整个体表以腹部出血最为严重，肛门红肿、出血，与细菌性出血病的情况类似，但死亡率比细菌性出血病高。

（3）防治。①保持水体清洁，定期对养殖池塘进行消毒。②增强鳝鱼的体质，可内服一些增强体质的营养素。此病以防为主，一旦发病没有针对性处理的药物。

二、真菌及细菌性疾病

1. 水霉病

（1）病原。因黄鳝体表受伤后伤口感染水霉菌和绵霉菌而引起。本病多发于水温较低的早春和晚冬。

（2）症状。病鳝伤口处长出霉菌菌丝，并迅速在体表蔓延，形成白毛，病鳝食欲缺乏，最后瘦弱而死。

（3）防治。①避免黄鳝受到机械性损伤，不同规格的黄鳝不要混养，以防止相互咬伤；苗种放养时用3%～4%的食盐水浸泡。②对于发病池塘，应立刻换注新水，用食盐和小苏打合剂，各水体按 $400g/m^3$ 全池泼洒。③病鳝用 3%~4% 的食盐水或 10~20mg/L 的高锰酸钾溶液浸泡，每日 1 次，连用数天，也可用 1% 高锰酸钾溶液涂抹伤口。

2. 赤皮病

（1）病原。又叫赤皮瘟、擦皮瘟。该病多数是在捕捞与运输过程中黄鳝体表受伤，荧光假单胞菌侵入后感染所致。一年四季均有发生，春末、夏初多见。该病发病快，慢性死亡，死亡率高，可达 90% 以上。

（2）症状。发病初期，病鳝体表局部发炎出血，出现大小不一的红斑，以身体两侧和腹部最明显。发病晚期，病鳝口腔出血，尾部皮肤溃烂，往往在病灶处继发水霉菌感染。本病与腐皮病的明显区别是发炎、充血面积大，多为头尾病灶严重，发病后离穴不返而死。

（3）防治。①捕捞、运输、放养操作细致，尽量避免鱼体受伤。②放养前每立方米水加入 10~20g 漂白粉溶化均匀后浸洗鳝体半小时。③发病季节用漂白粉挂篓预防（ $0.4g/m^3$ ，大池可用 2~3 篓，小池可用 1~2 篓），用竹子搭成三脚架放在池中，再用绳子把篓吊入水中。④用 2.5% 的食盐水浸洗病鳝 15min。

3. 打印病

（1）病原。由点状产气单胞菌点状亚种引起。

（2）症状。主要发生在鳝体后部，腹部两侧更为严重，少数发生在体前部，与体躯后部容易受伤有关。患病部位皮肤先出现圆形或椭圆形坏死和糜烂，露出白色真皮，皮肤充血发炎的红斑形成明显轮廓，好似在黄鳝体表加盖了红色印章，故称打印病。随着病情发展，病灶直径逐渐扩大，糜烂加深，严重时甚至露出骨骼或内脏，病鳝游动缓慢，头常伸出水面，久不入穴，最后瘦弱而死。本病发病率可达 80%，以 5~6 月最为常见。

（3）防治。用 2~4mg/L 五倍子全池泼洒，同时每 100kg 黄鳝用 2g 磺胺间甲氧嘧啶拌饲投喂，连喂 5~7 天；水深 30cm 的池水，每

$100m^2$ 的水面用辣蓼 200g、苦楝皮（汁果均可采用）300g、烟叶 100g，切碎熬成 5kg 汁，加食盐 10g，全池泼洒，重点在食场周围泼洒，每天 1 次，连续 3 天。黄鳝发病时，取蟾蜍数只，剥去头皮，在池中反复拖拉数次，1~2 天即可痊愈。

4. 细菌性烂尾病

（1）病原。黄鳝尾部受伤后继发性感染嗜水气单胞菌、产碱假单胞菌所引起的疾病。

（2）症状。发病初期，病鳝尾部黏液脱落，肌肉发炎、出血、溃烂、坏死。严重时，尾部肌肉烂掉，尾椎骨外露，病鳝头伸向水面，最后丧失活动能力死亡。在高密度养殖池和运输过程中易发生此病。

（3）防治。①放养密度不宜太大，保持水质良好和环境卫生。②发病时，用溴氯海因或双链季铵盐络合碘按每立方米水体 0.1~0.2g 的用量全池泼洒。③用 10mg/L 的二氧化氯药浴病鳝 10min；每 100kg 黄鳝用 5g 土霉素拌饲料投喂，每天 1 次，连喂 5~7 天。

5. 细菌性出血病

（1）病原。由嗜水气单胞菌产生的毒素而引起的败血症。本病是黄鳝的常见病、多发病。

（2）症状。发病时黄鳝体表呈点状、块状或弥散状充血，腹部尤为明显，逐渐发展到体测和背部。病鳝肛门红肿外翻，提起尾部，口腔有血水流出，呼吸频率加快，不停按顺时针方向绕圈转动。剖检可见病鳝腹腔内有紫红色的血液和黏液，肝脏肿大，肠黏膜有点状出血，肠内无食。该病在水质恶化时容易发生，高发期在 5~9 月。

（3）防治。①用生石灰彻底清塘，定期更换池水，及时清除残饵。②鳝苗放养前用 3% 食盐水浸洗 3~10min。③发病池黄鳝采用内服和外用药物相结合进行治疗。每立方水体用溴氯海因 0.3g 全池泼洒，2 天后换水，然后每立方水体用强氯精 0.4~0.5g 全池泼洒，或每立方水体用 0.1~0.2g 双链季铵盐络合碘全池泼洒。此后，每天坚持用生石灰泼洒，傍晚换水。同时，每 10kg 体重用磺胺甲氧嘧啶 1g

或磺胺嘧啶 2g 拌料投喂，每日 1 次，第 1 天用全量，第 2~6 天用量减半，6 天为一个疗程。

6. 红斑病

（1）病原。主要由黄鳝体表受伤引起的细菌感染所致。7 月中旬为疾病高发期。

（2）症状。发病初期，黄鳝体表尤其背部出现黄豆大小的红色梅花状圆斑（又叫梅花斑病），有时呈弥散状出血，后扩展到体侧、腹侧、全身。

（3）防治。①经常换水，保持水质清洁。②发病时，抓蟾蜍数只，剥去头皮，在池中反复拖拉数次。1~2 天即可痊愈。因为蟾蜍分泌的蟾酥对此病有特殊功效。

7. 细菌性肠炎病

（1）病原。又称烂肠病。由水质恶化、黄鳝摄食变质饲料、摄食过量或不均（时饱时饥）、生理功能紊乱以及肠道感染肠型点状产气单胞菌、温和气单胞菌或产碱假单胞菌引起。

（2）症状。病鳝表现为食欲减退、游动迟缓、离群独游，有时腹部朝上或头长时间浮于水面，体色发黑，头部尤其明显。腹部膨大，肛门红肿凸出，用手挤压腹部，可见口腔和肛门有大量血水或黄色黏液流出。一般 4~5 月和 9~10 月为发病高峰期，主要发生在开食后 20~30 天、体长 5~8cm 的幼鳝，且死亡率高，是危害严重的黄鳝疾病之一。

（3）防治。①加强饲养管理，不投变质饲料，及时清除残料以防止水质恶化。②每立方水体用 0.2~0.3g 禽用红霉素或 1~2g 漂白粉或 10g 生石灰全塘泼洒。③内服大蒜头药饵，每 50kg 黄鳝用大蒜头 25g 捣烂后加入食盐 250g 均匀拌入饲料投喂，连续喂 3~5 天。④每 50kg 黄鳝用地锦草、辣蓼或菖蒲 2.5kg 煎汁，拌入饲料内投喂，每天一次，连喂 3 天。

8. 腐皮病

（1）病原。因黄鳝体表受伤，细菌继发性感染所致。病原体为点状产气单胞菌。本病流行于 5~9 月，多发生在放养不久的野生鳝种上，发病率达 80% 以上，为目前黄鳝养殖中危害严重的常见病。

（2）症状。黄鳝体表黏液脱落，充血发炎，出现许多如黄豆或蚕豆大小的红斑，尤其腹部两侧最为严重。严重时皮肤腐烂，形成漏斗状溃疡，甚至骨骼或内脏外露。病鳝食欲减退、游动无力，头常伸出水面，最后衰竭而死。

（3）防治。①用生石灰彻底清塘消毒，在捕捉、运输与投放过程中勿使黄鳝体表受机械性损伤。用 3% 的食盐水消毒鳝种 3~5min。经常换注新水，防止水污染。②发病季节每 10~15 天每立方米水体用有效氯 60% 的漂粉精 0.1~0.2g 或生石灰 30g 全池泼洒一次。③发病时，每立方水体可用 1~2g 漂白粉（含有效氯 30%）、0.5~0.6g 漂粉精、0.3g 溴氯海因或 0.3g 二氧化氯全池泼洒一次，隔天使用一次，连用 2~3 次。④病鳝治疗采用口服与外用药相结合的方法，具体药物名称和剂量如下：磺胺间甲氧嘧啶，每 10kg 体重第一天用药 1g，第二天起用量减半，6 天为一个疗程，每日喂一次。同时，用 3% 的食盐水浸浴病鳝 20min，或用 10% 的食盐水洗擦体表患病处，也可在病灶处涂抹 1% 的高锰酸钾溶液或金霉素药膏。病情严重时，可肌内注射链霉素，每 1kg 体重用 5~20mg。⑤取数只蟾蜍，剥去头皮后用绳子系好，在池内反复拖几次，1~2 天即可除病。

三、寄生虫病

1. 毛细线虫病

（1）病原。其由毛细线虫寄生在黄鳝肠道内引起的，主要危害幼鳝，发病期多在 7 月中旬。

（2）症状。毛细线虫虫体细长如线，呈乳白色，常以头部钻入黄鳝肠壁破坏黏膜层组织，引起其他病原菌侵入致黄鳝发病。病鳝离穴分散池边，使肠道腐烂，致使黄鳝极度消瘦，并伴有水肿，继而死亡。

（3）防治。①投放鳝苗前，用生石灰彻底清池消毒。②病鳝用阿苯达唑 40mg/kg 体重拌料投喂，每日两次，连喂 3 天；每 10kg 体重用磺胺嘧啶 1g，制成药饵投喂，每日 1 次，连喂 3~7 天，可治疗并发的肠道感染。③中草药合剂治疗。取贯众 10 份，荆芥 5 份，苏梗 3 份，苦楝树皮 5 份，每 50kg 体重用药总量为 290g，加入相当于总药量 3 倍的水煎至原水量的一半，倒出药液后，再按上法加水煎煮 1 次，将 2 次所煎药液混合，拌入血粉或配合饲料中投喂，连喂 6 天。

2. 棘头虫病

（1）病原。其是一种隐藏新棘虫在黄鳝的前段肠道中营寄生生活所引起的疾病。该病终年可发生，在 5～10 月，温度在 30～35℃时，流行此病。

（2）症状。病鳝食欲减退，身体瘦弱，分散独处，有时将头伸出水面。鳝体发黑，前肠部位膨大且凹凸不平，肛门红肿。经解剖后肉眼可见肠内有白色条状蠕虫，能收缩，体长 8.4～28mm，有的长达 200mm，吻段牢固地钻进肠黏膜内，尾部游离，主要寄生在肠道前部，吸取寄主的营养，以致引起肠道充血发炎、阻塞肠道，严重时可造成肠穿孔或肠管被堵塞。

（3）防治。用生石灰彻底清塘，杀死中间寄主，加强水质的日常管理；放养前用浓度为 1%～3% 的食盐水浸浴 5～10min，对鳝种进行消毒。病鳝内脏要深埋，切不可乱丢。每 100kg 黄鳝用 0.2～0.3g 左旋咪唑或甲苯咪唑和 2g 大蒜素粉或磺胺嘧啶拌饲投喂，连喂 3 天；或每 100kg 黄鳝用 90% 的晶体敌百虫混于饲料中投喂，连喂 6 天。这些药性都比较强，休药期都为 500 度日（水温乘以天数），保证足够长的休药期后再上市。

3. 锥体虫病

（1）病原。其由锥体虫寄生在黄鳝血液中引起，水蛭是传播者。当水蛭吸食带有锥体虫的黄鳝血液时，锥体虫乘机随着黄鳝血液进入水蛭的消化道寄生，并大量繁殖，然后向前移动至吻端，当水蛭再次吸食健康黄鳝血液时，锥体虫进入健康黄鳝体内。发病高峰期在每年的 6～8 月。

（2）症状。黄鳝感染锥体虫后多呈贫血状，食欲不振，鱼体消瘦，生长不良。血液涂片镜检可见虫体颤动很快，但迁移较慢。

（3）防治。由于水蛭是锥体虫的中间宿主，在放苗前要用生石灰彻底清塘，杀死水蛭；用2%～3%的食盐水，浸洗病鳝5～10min；用0.5mg/L硫酸铜和0.2mg/L的硫酸亚铁合剂，浸洗病鳝10min。

4．隐鞭虫病

（1）病原。其是因隐鞭虫寄生在黄鳝血液中而引起的疾病。

（2）症状。被隐鞭虫寄生的黄鳝发生贫血，吃食减少，病体消瘦，游动缓慢，呼吸困难，大量寄生于血液中会引起黄鳝死亡。一般感染率较低，危害不大。

（3）防治。用2%～3%食盐水浸洗病鳝5～10min；用硫酸铜和硫酸亚铁合剂（5∶2）全池泼洒，使池水达到0.7mg/L的浓度。

5．黑点病

（1）病原。其是由复口吸虫的囊尾蚴寄生在黄鳝皮下组织而引起的。

（2）症状。刚发病时，黄鳝尾部出现黑色小圆点，后期小圆点颜色加深、形状变大，隆起而形成黑色小结节，手摸有粗糙感。故称黑点病。有些黑色小结节进入皮下，并蔓延至身体多处，有时会引起鳝体变形、脊椎骨弯曲等症状。病鳝贫血，严重感染时，生长停止，萎瘪消瘦而死。

（3）防治。在放养鳝种前，用0.7mg/L硫酸铜溶液全池泼洒，杀灭锥实螺；用0.7mg/L的二氧化氯全池泼洒，消灭病原体。

6．水蛭病

（1）病原。其是由中华颈蛭和拟扁蛭寄生在黄鳝体表引起。

（2）症状。由于水蛭寄生在黄鳝头部及体侧皮肤上，吸取黄鳝血液，黄鳝表皮组织受伤，易引起细菌感染，还会带入多种寄生虫，发生多种疾病。轻者影响黄鳝摄食生长，重者因失血过多或继发水霉病和细菌性疾病而死亡。

（3）防治。其以预防为主，在鳝种放养前，要用生石灰彻底清塘，对黄鳝进行消毒；加强养殖用水和饲料的日常管理，防治新水和饲料中混入水蛭。100L水加1g硫酸铜制成硫酸铜溶液，浸浴5～10min，能使水蛭脱落死亡；100L水加0.5g高锰酸钾制成溶液，浸泡病鳝 20min，有较好的治疗效果；用丝瓜加 0.5g 高锰酸钾制成溶液，浸泡病鳝 20min，有较好的治疗效果；用丝瓜络浸入鲜猪血，待猪血凝固后放入水中诱捕水蛭，30min 后取出，如此反复多次即可。

四、非生物因素引起的疾病

1. 发烧病

（1）病原。此病主要发生在黄鳝运输和暂养过程中，由放养密度过大、放养时间长、未及时换水所致。

（2）症状。黄鳝体表大量分泌黏液，过量积聚，在水中微生物的作用下分解加速，消耗水中溶解氧，释放出高的热能，导致水温骤增（有时高达 50℃），水呈暗绿色，具强烈臭味，黄鳝因缺氧而焦躁不安，底层黄鳝相互缠绕成团，严重时造成大量死亡，死亡率有时可达 90%。每年 5～9 月气温较高时易发生此病。

（3）防治。放养密度要适中，及时更换新水，在水温为 23～30℃时，每隔 6～8h 彻底换水 1 次。远距离运输尽量缩短运输时间。搭养少量泥鳅，泥鳅上下窜动可防止黄鳝相互缠绕。发病后可用 10 万单位/L 青霉素药液浸浴 2h，或用 0.7mg/L 硫酸铜全池泼洒。

2. 感冒病

（1）病原。黄鳝池塘或运输容器在换水时，换入的水与容器里的水温差太大，黄鳝一时难以适应而导致发病造成死亡，夏季为高发季。

（2）症状。黄鳝皮肤失去原有光泽，并分泌大量黏液。

（3）防治。换水时，不要使温差过大，一般不超过 2～5℃，水温过低的地下水，需经太阳暴晒后再加入。

3. 萎瘪病

（1）病原。因放养密度过大、饲料供应不足，使部分黄鳝长期处于饥饿状态而引起。

（2）症状。黄鳝身体消瘦，头大身小，体色发黑，鳃发白，严重贫血。黄鳝多在池边缓慢游动，无力摄食，最后因体质衰弱而死。

（3）防治。放养密度要适当，饲料要充足，越冬前要吃饱吃好，尽量缩短冬季停食时间。有发病迹象时，应立即投足黄鳝喜食的鲜活饵料，以发病早期恢复正常。

4. 痉挛症

（1）病原。野生苗种获得时对鳝苗造成了伤害。

（2）症状。一般出现在野生鳝苗放养后 2~10 天，初始表现为不开食、易受惊，随后鳝苗开始出现弯曲症状，并且就地做打圈运动，同时肌肉极度紧张，身体收缩，逐渐死亡。一般死亡率达 30% 以上。

（3）防治。鳝苗下池前，抗酸剂浸泡处理；鳝苗下池前，用抗痉剂浸泡 4h；鳝苗下池后，拌喂抗痉剂和抗酸剂；非氧化类消毒剂全池泼洒 2 个疗程。

5. 昏迷症

（1）病原。炎热夏天因黄鳝池水温过高导致黄鳝中暑而引起此病。

（2）症状。黄鳝反应迟钝，呈昏迷状态。

（3）防治。夏季要搭棚遮阴，池中种植水生植物降温。发现黄鳝出现昏迷时，立即加入冷水，逐步降低水温，同时投入切碎的新鲜蚌肉或者蚯蚓供黄鳝摄食。

6. 缺氧症

（1）病原。由于池塘中的水体温度较高，各种理化反应加剧而没有及时处理，使水体溶解氧下降，造成缺氧。此时黄鳝无法抬头呼吸空气，使机体呼吸功能紊乱、血液载氧能力剧减进而导致头脑缺氧。

（2）症状。病鳝表现为频繁探头于洞外甚至长时间不进洞穴，头颈部发生痉挛性颤抖，一般 3~7 天后陆续死亡。

（3）防治。严格进行水质测控管理，保持水体的综合缓冲能力。高温季节时，及时采取增氧、降温等措施，预防疾病发生；发病后要立刻换水，同时进行水体增氧；及时捞出麻痹瘫软的病鳝，减轻水体负担。

7. 碱中毒

（1）病原。池塘里的总碱度过高引起的疾病。

（2）症状。池塘水体 pH 达到 8.5 以上，藻相比较单一。黄鳝出现食欲不振，活力减弱，蜷缩在一角，鳝体发硬，无光泽。

（3）防治。及时进行换水处理，降低池塘的 pH。定期培养有益菌藻，保持合理的 pH 区间范围（7.5~8.5）。

8. 氨中毒

（1）病原。由池塘里的氨氮或者亚硝酸盐过高而引起。

（2）症状。氨氮或亚硝酸盐过高会影响黄鳝的载氧能力，使黄鳝出现缺氧的表现。黄鳝食欲减退，活动力减弱。严重者浮头死亡。

（3）防治。及时更换新水。定期用水质改良剂对池塘水质进行改良，定期用底质改良剂分解池塘底部有机物。合理投喂，不要过多投喂，造成饲料不能被黄鳝食用，在底部堆积，形成氨氮、亚硝酸盐。定期培菌分解残饵粪便。

9. 重金属中毒

（1）病原。过量使用硫酸铜等重金属盐，而造成的黄鳝中毒。

（2）症状。黄鳝食欲不振，身体消瘦。并且对藻类影响巨大，藻类无法正常繁殖，池塘水体很难肥起来。

（3）防治。放苗前用 EDTA 类药物进行解毒，螯合重金属。在养殖过程中少用硫酸铜等重金属盐类杀虫剂、杀藻剂。用完硫酸铜后及时解毒处理。

第五节　黄鳝病害的预防

一、养殖环境

养殖黄鳝的池塘，要求每个池子有独立的注、排水口，相邻的黄鳝池子进排水不能混串，这样可以避免因为水流而把病原从一个池子带到另外一个池子中去。作为养殖池的水源，必须保证充足供应、水质清洁，不带病原及有毒物质，水源水体的各种物理化学特性符合黄鳝生活的要求，并且水质不会受到自然因素和人为因素的影响。如果养殖池中发现水源不适宜时，应该立即停止使用，并另外找水源和将原来的水源水体进行人工净化处理后再使用。

二、消毒

1. 药物清塘

时间要掌握好，药物要充足。

2. 鳝种药浴

药液浓度和浸泡时间要适宜。可用于药浴的药物有多种，具体操作时可有针对性地进行选择。用 10~20mg/L 的漂白粉溶液浸泡鳝种，可以防治黄鳝体表细菌性疾病的发生；用 3%~5% 的食盐水浸洗黄鳝种，可以杀灭鳝种体表的水霉菌、粘细菌。鳝种消毒的浸浴时间应该根据当时的温度、药液浓度以及鳝种的忍受程度灵活掌握，一般在 10~30min。在药浴过程中，若发现黄鳝焦躁不安，应立即停止药浴，迅速将鳝种放入养殖池。

3. 食场（食台）的消毒

一般 1~2 周 1 次，在黄鳝摄食离去后进行，用 1.5%~2.5% 的漂白粉溶液全面泼洒食场；工具的消毒可以用 5% 的漂白粉溶液，或用 10mg/L 的硫酸铜溶液浸泡 20~30min，取出晒干后使用；饵料的消毒：饵料只要是新鲜的，一般只要用水冲洗一下就可以，也可先用 6mg/L 的漂白粉溶液浸泡 20~30min 后再捞出饵料，用清水漂洗干净，对商品饵料消毒可在其中拌入 0.5% 的土霉素；鳝池基肥的消毒主要是针对有机肥而言的，如可在粪肥中加入 3% 左右的生石灰或 0.5% 的漂白粉，再施入鳝池。

4. 全池消毒

在疾病流行季节，可定期全池泼洒低浓度药液，对鳝池水进行消毒，如用漂白粉、硫酸铜、硫酸亚铁等。

三、饲养管理

饲养措施主要是在选择健壮鳝种的前提下，通过精心饲养管理，增强黄鳝对致病因素的内在抵抗力，把疾病隐患消除在萌芽中。要把好饲养管理这一关，必须有专人管理，平时操作细心（防止碰伤鳝体）。当连片鳝池的其中一个池子发生鳝病时，要做好封池隔离工作，在发病池用过的网具等，要经过消毒后，才能在其他池中使用。病鳝、死鳝要及时处理，千万不能随地乱丢，以免传播蔓延。记好管理日记，加强养殖责任心，以便及时发现和处理，杜绝疾病的发生和蔓延。同时，要改善池水环境，在养殖过程中必须仔细地观察水质变化，并及时采取培肥、加水、换水等有效措施。每 5~10 天换 1 次新水，即排出池中一部分老水，灌进新水，每次换水量 3~6cm，并每半个月左右全池遍洒生石灰 1 次，用量最好是每平方米 5~10g。定期捞出过厚的淤泥，一旦发现发病的苗头，应该及时采取治疗措施。

第二部分
泥鳅高效养殖与病害防治技术

第八章 泥鳅的高效养殖技术

第一节 泥鳅生物学特性

泥鳅（*Misgurnus anguillicaudatus*）属鲤形目（Cypriniformes）鳅科（Cobitidae）花鳅亚科（Cobitinae）泥鳅属（*Misgurnus*）。泥鳅肉质细嫩，味道鲜美，营养价值和药用价值高，有"水中人参"之称。全国各水系有分布，一般栖息于静水水体底层。泥鳅除用鳃呼吸外，还能行肠呼吸，肠管壁薄，密布血管，对水中缺氧忍耐力强。皮肤上黏液多，能依靠少量水分保持皮肤湿润，有钻泥习性，为杂食性。

大鳞副泥鳅（*Paramisgurnus dabryanus*）属鲤形目（Cypriniformes）鳅科（Cobitidae）花鳅亚科（Cobitinae）副泥鳅属（*Paramisgurnus*）。台湾泥鳅为大鳞副泥鳅的一种，又称为"台湾鳗鳅"或"台湾龙鳅"。2012 年台湾泥鳅开始进入中国大陆，2013 年台湾泥鳅的养殖在广东、湖北、江浙一带迅速发展。2015 年，台湾泥鳅因其生长快、不钻底泥等习性，形成养殖热潮并基本蔓延至全国，特别是泥鳅主产区。

一、泥鳅的分类

鳅科鱼类现知有 26 属约 165 种，分为条鳅、沙鳅何花鳅 3 个亚科，其中花鳅亚科鱼类为小型底栖鱼类，现知 15 个属约 40 种。我国的鳅科鱼类多为花鳅亚科，有 6 属 13 种，主要有花鳅属（*Cobitis*）、泥鳅属（*Misgurnus*）、副泥鳅属（*Paramisgrunus*），泥鳅属共有 3 种鱼类，属中除泥鳅外，常见种类还有北方泥鳅（*Misgurnus bipartitus* Sauvageet Dabry）和黑龙江泥鳅（*Misgurnus mohoity* Dybowski），泥鳅属检索表见表 8-1。

表 8-1　泥鳅属检索表

1　（2）吻端至背鳍基部起点的距离为体长的 62%~65%，腹鳍基部起点与背鳍基部起点相对（主要分布于黑龙江水系）······················ 黑龙江泥鳅 *M. mohoity*（Dybowski）
2　（1）吻端至背鳍基部起点的距离为体长的 53%~61%，腹鳍基部起点相对于背鳍的第 2~4 根分支鳍条基部
3　（4）尾柄长为尾柄高的 1.1~1.9 倍，臀鳍基部起点至尾鳍基部的距离为腹鳍基部至臀鳍基部起点距离的 1.3~1.4 倍，脊椎骨 4+39~43（除青藏高原外，各地均有分布）······························· 泥鳅 *M. anguillicaudatus*（Cantor）
4　（3）尾柄长为尾柄高的 1.9~2.9 倍，臀鳍基部起点至尾鳍基部的距离为腹鳍基部至臀鳍基部起点距离的 2.0~2.5 倍，脊椎骨 4+44~47（分布于北方水系）······················· 北方泥鳅 *M. bipartitus*（Sauvage et Dabry）

　　副泥鳅属（*Paramisgurnus*）仅有大鳞副泥鳅（*Paramisgur-nusdabryanus* Sauvage et Dabry）一个种。泥鳅属的泥鳅和副泥鳅属的大鳞副泥鳅因营养价值高、药用价值好和生长快，已被人们作为特种经济鱼类进行饲养。台湾泥鳅因其不钻底泥、生长速度快，而成为我国鳅养殖的新宠。泥鳅和台湾泥鳅的外部形态如图 8-1 所示。

泥鳅　　　　　　　　　　　　　　　　　台湾泥鳅

图 8-1　泥鳅和台湾泥鳅

二、泥鳅的外部形态特征和内部构造

　　泥鳅（*M. anguillicaudatus*）身体细长，前端和腹部较圆，后端侧扁。体表被鳞埋于皮下，侧线完全但不明显，侧线鳞有 150 枚左右。其头较尖，止于鳃孔，最前端是吻，吻向前突出，吻长小于眼后头长。口小，位于吻下，内有咽喉齿 1 行，13/13，唇软，有细皱纹和小突起。口周围有 5 对口须，其中 1 对为吻须，2 对为上颌须，

2 对为下颌须；口须长短不一，最长可到或超过眼后缘，短者仅至前鳃盖骨；泥鳅口须和唇上味蕾丰富，感觉灵敏，能协助其觅食。泥鳅的眼较小，侧上位有雾状皮膜覆盖，因而视力弱，只能看见前上方的物体，对躲避敌害有利。头两侧有 1 对鳃孔，鳃孔内有鳃，是泥鳅的主要呼吸器官。鳃孔小，鳃裂至胸鳍基部，鳃完全但鳃耙不发达，呈细粒状。泥鳅头部无鳞，体表被鳞，鳞小，埋于皮下，体表黏液多，故而黏滑。鼻小，位于眼前方，有嗅觉功能。

泥鳅鳃孔至肛门是躯干部，躯干腹腔内有心脏、肾脏、脾脏、肝胰脏、鳔、胃、肠及生殖腺等内脏器官。胃壁厚，内有螺旋状突起；肠短，为直线状，壁薄而有弹性，鳔小，呈双球形，位于体腔最前端的背方，不易被发现。脊椎骨有 42~47 根。躯干生长有胸鳍、背鳍、腹鳍及臀鳍；泥鳅胸鳍不大，位于鳃孔后下，雌雄异形，是区分雌雄的重要形态学指标，雄性胸鳍较窄，呈长尖形，雌性胸鳍较短，其前端短而圆，呈扇形。雌鳅腹部圆大柔软，有光泽，雌鳅个体明显大于雄鳅，成熟时，腹部膨大、饱满，有透明感，生殖孔开放。将雄鳅鳍条静止时展开在一个平面上，雄鳅胸鳍窄而长，前缘尖端部分向上翘起，最明显的区别特征是雄性胸鳍第一、第二鳍条较粗大，平直且最长，其后的鳍条依次逐渐缩短。雌性背鳍无硬刺，背鳍位于中央背部，有 9 枚鳍条，其中前两枚较硬且不分支，后 7 枚柔软有分支；腹鳍较小，位于体中后部，与背鳍相对，起点较胸鳍稍靠体后；臀鳍在体后，有 7~8 枚鳍条，前两枚硬而不分支，其余柔软、分支；躯干部以后是尾部，肛门接近尾鳍，尾鳍圆形可协助泥鳅运动。

泥鳅体背部及体侧 2/3 以上部分有灰黑色或棕黄色不规则分布的深色斑点，体侧下半部及腹部为灰白色或淡黄色。胸鳍、腹鳍、尾鳍为灰白色，尾鳍及背鳍具有黑色小斑点，尾鳍基部上方有明显的黑色斑点。不同环境中生长的泥鳅体色有所不同，有时同一环境生活的泥鳅，其体色也有很大的差异。泥鳅从吻端至尾鳍末端的距离是全长；全长去掉尾鳍长度是体长；臀鳍末端至尾鳍初始端距离为尾柄长，尾柄最窄处的长度是尾柄高。

大鳞副泥鳅（*P. dabryanus*），隶属于鲤形目、鳅科、花鳅亚科、副泥鳅属，大鳞副泥鳅体形酷似泥鳅，别称泥鳅，头较小，无鳞，头长小于体高，口亚下位，呈马蹄形；须有 5 对，最长 1 对颌须末端达到或超过鳃盖骨中部，鳃孔小。口下唇中央有一小缺口，鼻孔靠近眼，眼侧上位被皮膜覆盖，无眼下刺。体长为体高的 5.3~6 倍，为头长的 5.8~6.8 倍。吻长远小于眼后头长，头长为吻长的 2~2.5 倍，尾柄长为尾柄高的 0.9~1.2 倍。体前部呈圆柱形，后部侧扁。大鳞副泥鳅体表被鳞明显，鳞片较泥鳅体鳞片大，埋于皮下，近似圆筒形，侧线完全，侧线鳞不超过 130 枚，体腹部呈白色，背部及体侧上半部呈灰褐色。体侧具有许多不规则的黑色褐色斑点。背鳍、尾鳍具黑色小点，其他各鳍呈灰白色。尾柄长、高约相等，尾柄处皮褶棱发达，与尾鳍相连，尾鳍为圆形。

泥鳅和大鳞副泥鳅的外部形态主要区别如表 8-2 所示。

表8-2　泥鳅与大鳞副泥鳅形态特征的主要区别

区别	泥鳅	大鳞副泥鳅
体形	身体细长，尾柄皮褶有较小的棱起	体较粗短，尾柄皮褶棱肥大，与尾鳍相连
口须	口须较短，末端后伸仅达或稍超过眼后缘	口须较长，接近或超过前鳃盖骨后缘
鳞	鳞片小，侧线鳞多于 140 枚	鳞片较大，侧线鳞少于 130 枚
背鳍鳍条	9 枚	7 枚
尾柄长、高	尾柄长是尾柄高的 1.3~1.8 倍	尾柄长是尾柄高的 1.1~1.2 倍

三、泥鳅的养殖历史和现状

泥鳅肉质细嫩，味道鲜美，营养丰富，每 100g 泥鳅肉含蛋白质 17.55g、脂肪 2.31g，属高蛋白、低脂肪、低胆固醇、富含多种维生素和微量元素食品；稍加烹调即可食用，而且风味独特，一向是餐桌上的佳肴。泥鳅除具有很高的食用价值外，还具有很高的药用和滋补作用。据《本草纲目》记载，泥鳅性味甘平，入脾、肝、肾三经，具有补中益气、强精补血之功效，是治疗急慢性肝炎、四肢乏力、阳痿、痔疮等症的辅助佳品。

泥鳅被称为"水中人参"，市场需求量大，目前国内市场年需求量15万~20万吨。国际市场主要靠中国供应，仅韩国和日本每年的订单就超过10万吨，而且有增加的趋势。

泥鳅的养殖历史可追溯到20世纪20年代，距今已有100多年的历史。但长期以来，泥鳅养殖发展较慢，其产量主要由天然水域提供。近年来，由于环境的改变和水体的污染，天然捕捞产量逐年下降；随着人民生活水平、消费水平的提高和对高档水产品需求量的增加，泥鳅的市场需求量增大，商品价格上涨，特别是国际市场需求量的增加，极大地刺激了泥鳅养殖业的快速发展。

自20世纪90年代起，我国江苏、安徽、湖南、湖北、四川、山东、河南、广东、上海等省市的政府部门与养殖户配合，在捕捞野生泥鳅、蓄养出口的基础上，积极发展泥鳅的人工养殖。目前，我国泥鳅的养殖方式有池塘养殖、稻田养殖、网箱养殖和庭院养殖等，其中池塘饲养为主要养殖方式，即从天然水体采捕野生苗种放入池塘中饲养，投喂颗粒饲料，亩产可达2000~4000kg，甚至5000kg以上。

四、泥鳅的生活习性和生物学特性

现将泥鳅和大鳞副泥鳅的生活习性和生物学特性归纳如下。

1. 栖息和生活习性

（1）栖息习性（水域）。泥鳅多栖息于静水、缓流、泥质底的浅水水体，其适应能力很强，当环境条件变为不利时，可钻入泥中暂时躲避；一旦条件适宜，又可从泥中复出。

（2）对水温的适应。泥鳅属温水性鱼类，生存温度为0~41℃，水温低于5℃和高于33℃时会潜入泥土层中"休眠"。摄食和生长的适宜水温为15~30℃，25~27℃时摄食量大、生长快。泥鳅的繁殖水温为18~30℃。

（3）对溶氧的适应。泥鳅除用鳃呼吸外，还有用肠呼吸的功能，当水中溶氧不足时，其头部可跃出水面吞咽空气，在肠内进行气体交换。所以，泥鳅对低溶氧有较强的耐受力，水中溶氧为 0.16mg/L 仍能存活。泥鳅摄食和生长的适宜溶氧量为不小于 4.0mg/L。

（4）对 pH 的适应。泥鳅摄食生长的适宜 pH 为 6.5~9.5。

2. 泥鳅的特殊行为特性

（1）具有用肠呼吸功能。水体缺氧时，泥鳅可跃出水面，吞咽空气，用肠呼吸；泥鳅在短时间内离水，也可存活较长时间。

（2）对天气变化敏感的"气候鱼"。其英文名为 oriental weather fish，即"东方的气候鱼"。在夏季，天气闷热，气压低或大雨来临前，泥鳅在水中像跳舞一样上下乱窜，这正是大雨降临的前兆。

（3）可钻泥"休眠"。冬季来临前，水温下降，当水温低于 5℃时，有钻泥现象；在夏季，高于 33℃时也有钻泥现象；当水位下降、生命受威胁时也钻泥。

（4）对水流敏感，易逃逸。当水位变化形成水流时，泥鳅具有从进、出水口逃逸的行为特点。注排水或水位高时可从进出水口的缝隙逃逸。

3. 摄食和食性

泥鳅为杂食性，偏好摄取动物性饵料，主要食物为水生昆虫、小型甲壳动物、浮游动物和硅藻、绿藻、植物碎屑、腐殖质等。泥鳅具有昼伏夜出（避强光）的习性，一般白天潜伏水底，傍晚后活动觅食；泥鳅昼夜摄食的高峰期在 18：00~20：00，凌晨是摄食的低潮。

4. 生长特性

在天然水体中，刚孵出的泥鳅苗全长 0.4cm，1 个月之后可达 3cm，半年后可长到 6~8cm，体重 3~4g；第二年年底可长成 13~18cm，体重 15g 左右。泥鳅为小型鱼类，据记载，泥鳅最大个体可达 20cm，体重 100g 左右。大鳞副泥鳅个体较大（最大体重 200g）、生长较快，全长 3cm 的幼苗经 4~5 个月饲养可长到 30~50g（20~30 尾/kg）。

5. 繁殖习性

泥鳅 1 冬龄达性成熟，属多次产卵类型，繁殖水温 18~30℃，最适宜温度 24~26℃；在辽宁中部地区，5~8 月是泥鳅繁殖期。泥鳅的成熟卵呈圆球形，卵径 0.8~1.0mm；绝对怀卵量随个体增大而增大，体长 8~10cm 的泥鳅怀卵量为 0.2 万~0.7 万粒，12~15cm 的怀卵量为 1 万~1.5 万粒，20cm 的怀卵量超过 2.4 万粒。

在繁殖季节，通常雨后晴天的早晨产卵最多；数尾雌雄个体在浅水多水草（或其他附着物）处相互追逐，发情达高潮时，雌雄鱼扭曲一起，时而浮出水面；产卵时，雄鱼身体缠绕雌鱼腹部，肌肉收缩，身体颤抖，同时产卵和排精。泥鳅产出的卵淡黄色，具黏性，吸水后卵径 1.3~1.5mm；受精卵在水温 24~25℃下，30~35h 孵出仔鱼。

第二节　泥鳅和大鳞副泥鳅人工繁殖技术

一、亲鱼的来源、选择和培育

1. 亲鱼的来源

用于人工繁殖的亲鱼应来源于未经人工放养的天然水域中捕捞的亲鱼，或从上述水域采集的苗种，专门培育的亲鱼。由有关渔业行政主管部门批准的原良种场生产的亲鱼，或从上述原良种场引进的苗种，经专门培育的亲鱼。不宜使用近亲繁殖的后代留作亲鱼。

2. 亲鱼的质量要求

泥鳅种质质量符合 SC 1104—2007 的规定。亲鱼的体形、体色正常，体表光滑、有黏液，体质健壮，无疾病、伤残和畸形。

3. 雌雄鉴别

泥鳅和大鳞副泥鳅在性成熟前雌雄特征不明显。性成熟后，在繁殖期雌鱼体形粗壮，腹部大而圆，生殖孔圆形、微红色、略凸出，如表 8-3 所示，胸鳍前端圆钝呈扇形展开；颜色鲜艳，产过卵腹鳍上方有白斑伤痕。雄鱼体形狭长，背鳍较小，两侧有肉质突起；胸鳍狭长，前端尖、上翘，基部有一小型薄骨板；雄鱼头顶部和两侧有许多珠星，有时臀鳍附近的体侧亦有，如图8-2所示。

表8-3　泥鳅雌、雄鱼外部特征

部位	出现时期	雌鱼	雄鱼
体形	成熟后	个体粗壮、肥大	体形狭长、瘦小
胸鳍	成熟后	小，呈圆扇形，第二鳍条基部无骨刺	大，略狭长，第二鳍条基部具骨刺
腹部	产卵前	圆而膨大，无纵隆起	狭长不膨大，具纵隆起
体侧	产卵后	腹上方有白斑或伤痕	体侧无白斑和伤痕

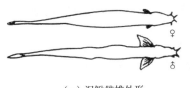
（a）泥鳅雌雄外形

雌　　　　雄
（b）泥鳅雌雄鱼胸鳍

图8-2　泥鳅雌雄鱼外形和胸鳍形态差异

4. 年龄和体重

泥鳅和大鳞副泥鳅的性成熟年龄，雌鱼1~2龄，雄鱼1龄。一年多次成熟，分批产卵；产出卵呈黏性。在辽宁地区，泥鳅的产卵盛期是5~6月和8月。开始产卵水温18~20℃，最适水温24~26℃。体长8~20cm，怀卵量2~2.4万粒；体长>20cm，怀卵量>3万粒。泥鳅亲鱼应选择2龄以上，要求雌亲鱼体重≥20g、雄亲鱼体重≥12g。大鳞副泥鳅亲鱼选择2龄以上，雌亲鱼体重≥40g、雄亲鱼体重≥20g。

5. 亲鱼培育

（1）培育池塘。池塘面积1000~4000m²，池塘深度1.0~1.5m。

水源充足，注排水方便。水源水质符合《渔业水质标准》（GB 11607—1992）和《无公害食品 淡水养殖用水水质》（NY 5051—2001）的规定。

（2）亲鱼放养。亲鱼产前培育一般雌、雄应分池放养；产后和夏秋季的培育一般混养，池中少量搭养鲢、鳙。亲鱼培育密度以每亩放养 300~400kg 为宜。亲鱼放养时用 30mg/L 聚维酮碘（有效碘1.0%）浸洗 5~15min 或用 3%~4%的食盐水浸浴 5~10min。

（3）培育管理。饲养泥鳅亲鱼的饵料应是配合饲料，粗蛋白含量≥40%，粗脂肪≥6%，维生素 C≥100mg/kg，维生素 E≥300mg/kg。每日投饵 2 次，日投饵量为亲鱼体重的 2%~4%。还可定期投喂新鲜鱼糜饵料，以促进泥鳅性腺发育。定期泼洒药物和投喂药饵，防止鱼病发生。

春季产前浅水培育或大棚中培育，水深 0.5~1.0m，以利于池塘水温的回升。经常加注新水，刺激和促进亲鱼性腺发育成熟。夏秋季产后培育池水深 1.0~1.5m，经常加注新水，水质要清新，投喂高质量饲料，以满足亲鱼性腺发育对营养的需要。我国北方地区采用冷棚越冬，水温保持在 1.5~3.0℃、溶氧充足、水质良好。

二、催情产卵

1. 成熟亲鱼的鉴选

亲鱼性腺发育成熟时，摄食量明显减少或停止摄食，亲鱼有相互追逐现象。雌亲鱼腹部膨大、柔软，卵巢轮廓明显，生殖孔微红色。雄亲鱼被轻压腹部，有精液流出；精液遇水后迅速散开。

2. 亲鱼配组

根据亲鱼怀卵量、产卵量、受精率、孵化率和预计生产鱼苗数量，确定催产雌亲鱼和雄亲鱼的数量。体重 20g 左右的雌鱼可产卵4000~5000 粒，孵化鱼苗 3000 尾左右。泥鳅自行产卵时，雌、雄亲鱼可按 1：1.2~1：1.5 配组；采用人工授精，雌、雄亲鱼可按 7~8：1 配组。

3. 催产药物及剂量

泥鳅使用的催产剂及其剂量：鱼用促黄体素释放激素-类似物（促排卵素 2 号 LHRH-A$_2$）8~10μg/kg+鱼用马来酸地欧酮（DOM）4~5mg/kg+鱼用绒毛膜促性腺激素（HCG）600~1000IU/kg。雄亲鱼使用催产剂与雌亲鱼相同，使用剂量为雌亲鱼剂量的一半。

4. 催产药物配制及注射

催产剂注射液用 0.7% 的生理盐水配制，催产剂浓度以每尾亲鱼注射 0.1~0.2mL 为适宜。催产剂剂量（μg/kg）×亲鱼总重量（kg）=催产剂总量；亲鱼总重量（kg）÷平均尾重（g/尾）=亲鱼总尾数；亲鱼总尾数×0.1~0.2mL/尾=注射液总量（mL）。使用注射器和 7 号或 8 号针头。注射部位是背部肌肉。

5. 效应时间

效应时间是指从亲鱼注射催产剂到其发情、产卵的时间间隔。效应时间长短与水温有关。水温与效应时间的关系见表 8-4。

表 8-4　水温与效应时间的关系

水温/℃	20~21	22~23	24~25	26~27
效应时间/h	16~18	13~15	10~12	8~10

三、自行产卵

1. 产卵池准备

泥鳅亲鱼产卵池一般为水泥池，面积 20~100m²，水深 70~100cm。要求池底和内壁光滑，注、排水方便，不渗漏，应设充气增氧装置。产卵池在使用前用 1~2mg/L 的二氧化氯浸泡消毒。

2. 亲鱼网箱和接卵网箱

为了操作方便和防止亲鱼吞食鱼卵，要把亲鱼放在产卵网箱（20 目尼龙筛绢网片）中，产出卵可漏出网箱落入产卵池内。产卵网箱亲鱼密度 100~200 尾/m²。

在产卵池底铺设鱼巢，产出卵可落在和黏附在鱼巢上。泥鳅产出卵黏性较差，直接落到池底的卵也容易收取。为了方便操作，可采用60~80目尼龙筛绢网箱接卵。

3. 雌雄亲鱼并池产卵

当季节和水温适宜时，即可将成熟亲鱼进行人工催产，注射催产剂后，将雌、雄亲鱼按1∶1.2~1.5的比例放入产卵池的产卵箱内，适宜密度为100~200尾/m²。

4. 产卵管理

亲鱼放入产卵池后，要保持环境安静、水温稳定。泥鳅产卵时间一般在半夜至次日清晨，要在亲鱼发情前2h，向产卵池加注新水（冲水），保持良好的水质，也有利于亲鱼的发情产卵。其产卵行为如图8-3所示，雄鱼缠绕勒住雌鱼腹部，雌鱼产出卵粒后，雄鱼迅速排精。

图8-3　泥鳅的自然产卵行为

5. 胚胎发育

泥鳅胚胎发育经历：2细胞期、4细胞期、8细胞期、16细胞期、32细胞期、64细胞期、多细胞期、高囊胚期、低囊胚期、原肠早期、原肠中期、原肠晚期、神经胚期、胚孔闭合期、肌节生成期、眼囊生成期、尾芽期、尾鳍出现期、眼晶体期、肌肉效应期、心脏跳动期、出膜期。在水温（25±0.5）℃，从受精到出膜时间为34~35h。如图8-4所示为泥鳅胚胎发育时相图。

6. 收卵计数和卵质量鉴别

采用称重法计数（粒/g）。质量较好的卵：卵粒大而饱满、均匀、有光泽、颜色深、橙黄色、黏性较强。在显微镜下观察，卵粒均匀、饱满、卵膜平整，细胞分裂均匀规整。

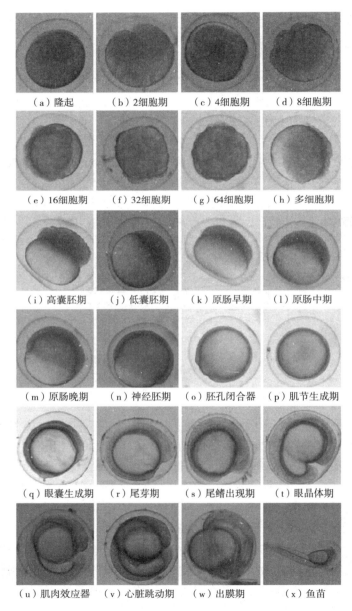

（a）隆起　　　　（b）2细胞期　　　　（c）4细胞期　　　　（d）8细胞期

（e）16细胞期　　　（f）32细胞期　　　（g）64细胞期　　　（h）多细胞期

（i）高囊胚期　　　（j）低囊胚期　　　（k）原肠早期　　　（l）原肠中期

（m）原肠晚期　　　（n）神经胚期　　　（o）胚孔闭合器　　　（p）肌节生成期

（q）眼囊生成期　　　（r）尾芽期　　　（s）尾鳍出现期　　　（t）眼晶体期

（u）肌肉效应器　　　（v）心脏跳动期　　　（w）出膜期　　　（x）鱼苗

图8-4　泥鳅胚胎发育时相图（李猛，2018）

四、人工授精

1. 准备工作

解剖雄鱼的解剖剪，摘取精巢的镊子，装精巢的搪瓷小碗或烧杯，过滤和挤出精液的筛绢网（100~150目）。

抓亲鱼的手套、毛巾，装卵的搪瓷小盆或不锈钢小盆，人工授精使用不锈钢大盆，称卵计数电子称。

2. 人工授精操作

（1）摘取精巢和精液制备。用解剖剪将雄亲鱼腹部剪开，用镊子迅速将精巢取出，擦干组织液和水分后，放入干净的小碗或烧杯中。再用干净的解剖剪将精巢剪碎，倒入筛绢网中，挤压过滤出精液。

（2）人工挤卵。用一只手戴手套抓住雌亲鱼，擦干鱼体水分，另一只手轻挤压亲鱼腹部，将鱼卵挤到干净的搪瓷小盆或不锈钢小盆中。用电子称称重（去皮）计数。

（3）授精操作。将盛卵小盆放在较大盆中，用洁净水将过滤挤压出的精液冲入盛卵的大盆中，迅速搅拌；持续搅拌1~2min完成受精。静置1~2min后，倒去污水；重复2~3次漂洗后，即可将卵着巢或经脱粘转入孵化器中孵化。

3. 受精卵着巢

在大塑料槽内加入清洁水，槽底铺放鱼巢。将少许受精卵缓缓放入水槽内，同时搅动水，提起鱼巢，可正反面反复操作，使受精卵均匀地散落和附着在鱼巢上。

4. 受精卵的脱粘

（1）滑石粉或黄泥浆的制备。取适量滑石粉或黏土黄泥，用水浸泡、搅拌；稍静置后，把浆水倒入另一大盆中沉淀备用。

（2）脱粘操作。取受精卵少许，缓缓向黄泥浆中加入，边加入边搅拌，不停搅拌10~15min，使卵粒完全分散开。用清水反复冲洗去除泥浆后，将受精卵移入孵化器中孵化。

五、人工孵化

1. 水泥池充气孵化

（1）孵化池。水泥池面积 20~100m²，水深 50~70cm。水源充足，水质良好，注、排水方便，水流无死角。配备充气增氧设备。

（2）孵化框。将带有受精卵的鱼巢放入水泥池、玻璃钢水槽等设施中进行充气和定期换水孵化。放卵密度为每立方米 30 万~40 万粒。孵化期间无敌害侵袭，要求水质良好、水温适宜。

（3）孵化管理。孵化期间避免阳光直射，保持水温稳定，适宜水温 24~26℃；保持水质良好，连续不间断充气增氧。及时剔除死卵，适当加注新水和换水。受精 6~8h 统计受精率，孵出仔鱼（24~30h）统计孵化率，仔鱼水平游泳时（孵出仔鱼约 30h）统计出苗率。

2. 孵化桶流水孵化

（1）孵化桶。脱粘的受精卵可采用孵化桶（缸）流水孵化。要求水流均匀、水流无死角；封闭好，不漏卵、不漏苗；调节水流、放卵、出苗等操作方便。

（2）孵化密度。孵化桶每立方米水体可放卵 80 万~100 万粒。

（3）孵化管理。孵化期间避免阳光直射，保持水温稳定，适宜水温 24~26℃；保持水质良好。及时洗刷网罩和漂洗剔除死卵。受精 6~8h 统计受精率，孵出仔鱼（24~30h）统计孵化率，仔鱼水平游泳时（孵出仔鱼约 30h）统计出苗率。

六、鱼苗培育

1. 水花鱼苗

水花鱼苗是指孵出仔鱼发育至鳔充气、能水平游泳，口张开、能摄食食物，卵黄囊尚未完全消失的仔鱼。

2. 出苗过数

水花出苗方法是将孵化池（器）中的仔鱼带水通过管道进入出苗池设置的网箱中。

水花鱼苗的过数，一般采用容量法，即将水花鱼苗移入小网箱，尽可能把水漏出，然后用适当容器（小碗或烧杯等）过数，即抽样（尾/mL）再用容器（mL）过数。泥鳅水花 480~520 尾/mL。

3. 泥鳅的早期发育

泥鳅的早期发育如图 8-5 所示。

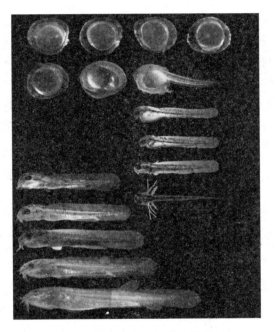

图 8-5　泥鳅的早期形态发育（乔晔，2005）

第三节　泥鳅土池塘鱼苗养成夏花

目前，鱼苗培育方式主要是静水土池塘培育。

一、鱼苗池的选择

鱼苗池条件直接影响鱼苗培育的效果。鱼苗池应有利于鱼苗的生长、成活、管理和捕捞。标准的鱼苗培育池通常应具备下列条件。

1. 靠近水源，注、排水方便

在鱼苗培育过程中，根据鱼苗的生长和水质变化等情况，需要经常加注新水，以逐步加深水位，调节池水肥度，改善水质理化状况，增加鱼的活动空间。这对于促进天然饵料生物的繁殖、提高鱼苗的生长率和成活率有很重要的作用。因此，鱼苗池要有充足的水源，注、排水方便。

2. 池形整齐，面积和水深适宜

鱼苗池最好为长方形，便于饲养管理和拉网等操作。面积一般为 1500～3000m²，太大会导致投饵和管理不便，水质肥度较难调节和控制，且易受风力的作用形成波浪，拍击堤岸，损伤游泳能力尚弱的鱼苗。池塘面积太小则水温、水质易受外界条件的影响，变化大，较难控制。池水深度一般前期保持在 0.5～0.7m，后期 1.0～1.2m 较适宜。

3. 土质好，池堤牢固，不漏水

鱼苗池以壤土为好，砂土和黏土均不适宜。砂砾质的池塘池堤不牢、漏水、水质不肥，不利于鱼苗的生活和生长。黏土虽不漏水，保肥力也强，但池水易混浊，对浮游生物的繁殖和鱼苗的生长均不利。

4. 池底平坦，淤泥适量

无水草丛生，池底平坦。池塘淤泥中含有较多的有机质和氮、磷等营养物质，池底保持 10～15cm 厚的淤泥层，有利于池塘水质肥度；但淤泥过多对拉网操作不利，起网时会使鱼体沾泥，引起死亡，而且增加池塘的耗氧因子，容易造成缺氧。如果有机质发生厌氧分解，产生氨和硫化氢等有害气体，还会妨碍鱼苗的生活和生长，甚至死亡。池中如丛生水草，会大量消耗水中的营养盐类，影响浮游生物的繁殖，并成为害虫窝藏的处所，因此必须彻底清除。

5. 池塘避风向阳，光照充足

这种条件的池塘水温易升高，浮游植物的光合作用较好，浮游生物繁殖较多，有利于鱼苗生长。

二、鱼苗池的清整

鱼苗身体纤细，取食能力低，饵料范围狭窄，对水质的要求较严格，对外界条件的变化和敌害侵袭抵抗力差，新陈代谢水平高。因此，彻底清整池塘能为鱼苗创造适宜的环境条件，是提高鱼苗的生长速度和成活率的重要措施之一。

1. 池塘修整

池塘经过一段时期的养鱼后，残剩的饵料、肥料、鱼的粪便和其他动植物的尸体等沉积池底，加上泥沙混合而形成的淤泥逐渐增多，同时池堤受风浪冲击而倒塌，这些都需要进行清理和修整。池塘清整前先将池水排干，一般在鱼苗下塘前一个月左右进行。如能在冬季排水，至放养前一个月再排第二次水则更好。这样池底经较长时间的冰冻和日晒，可减少病虫害的发生，并使土质疏松，加速土壤中有机质的分解，从而达到改良底质和提高池塘肥力的效果。

池水排干后，挖出过量的淤泥，将池底整平，修好池堤和注、排水口，填好漏洞、裂缝，清除杂草和砖石等。曝晒数日后，即可用药物清塘。

2. 药物清塘

药物清塘是利用药物杀灭池中危害鱼苗的各种凶猛鱼、野杂鱼和其他敌害生物，为鱼苗创造一个安全的环境条件。清塘药物的种类和方法很多，生产中常用和效果好的主要有以下两种。

（1）生石灰（CaO）清塘。生石灰遇水后产生氢氧化钙，并放出大量热能。氢氧化钙为强碱，其氢氧根离子在短时间内能使池水的 pH 提高到 11 以上，伴着局部水温升高，从而杀死杂鱼和其他敌害生物。

生石灰清塘分干池清塘和带水清塘两种方法。一般是用干池清塘，如排水或水源有困难可带水清塘。

干池清塘是先将池水排至 5~10cm 深，然后在池底四周挖几个小坑，将生石灰倒入坑内，加水溶化，不待冷却即将石灰浆向池中均匀泼洒。如有条件可将生石灰放入大锅中溶化后泼洒。最好第二天再用长柄泥耙在塘底推耙一遍，使石灰浆与塘泥充分混合，以提高清塘的效果。干池清塘生石灰的用量为每亩用 60~75kg，如淤泥较多可酌量增加（10%左右）。

带水清塘就是不排水即将溶化的石灰水趁热全池均匀泼洒。生石灰用量为每亩池塘水深 1m 用 125~150kg。

池水的硬度，特别是 Mg^{2+} 和 HCO_3^- 能与 OH^- 结合，从而降低生石灰清塘的效果：

生石灰质量直接影响清塘效果。生石灰必须是刚出窑的，呈块状，重量较轻，一敲声音响亮。吸水和二氧化碳而逐渐变成粉粒状的碳酸钙则失效了。

生石灰清塘除了劳动强度大外，具有以下 4 个方面的优点：①能杀死害鱼、蛙卵、蝌蚪、水生昆虫等动物和一些水生植物、鱼类寄生虫和病原菌等敌害生物，减少鱼病发生。②能提高池水的碱度和硬度，增加缓冲能力，起到改良水质的作用。③生石灰遇水产生氢氧化钙，吸收二氧化碳生成碳酸钙沉淀。碳酸钙能疏松淤泥，改善底泥的通气性，加速细菌分解有机质；并能释放出被淤泥吸附的氮、磷、钾等营养盐，同时钙本身也是浮游植物和水生动物不可或缺的营养元素。因此，生石灰清塘起到改良底质和施肥的作用。④施用生石灰还可提高草炭土池塘的 pH，改善水质，有利于浮游生物繁殖。碱土浑浊的池水，施用生石灰可降低池水浑浊度，有利于浮游植物繁殖。

生石灰清塘后池水的 pH 变化情况与池水的化学成分有关。硬度大和镁盐多的半咸水，清塘后 pH 下降速度快；硬度小和镁盐少的淡水，pH 下降速度慢。一般采用生石灰干池清塘，半咸水 5~7 天、淡水 7~10 天，pH 才能稳定在 8.5 左右（带水清塘时间长些）。

（2）漂白粉（$CaOCl_2$）清塘。漂白粉一般含有效氯 30%左右，经水解产生次氯酸和碱性氯化钙，次氯酸立刻释放出新生态氧和新生态氯，有强烈的杀菌和杀死敌害的作用。

每亩池塘平均水深 1m 用漂白粉 13.5kg，等于 20mg/L。施用方法是：将漂白粉加水溶解后，立即在上风处洒遍全池。操作人员应

戴口罩，以防中毒和沾染后腐蚀衣服。漂白粉易吸湿分解，应密封储藏。使用前须测定有效氯的含量，根据有效氯推算实际用量。另外，肥水清塘要增加漂白粉用量。漂白粉杀死野杂鱼和其他敌害生物的效果与生石灰无异，但没有生石灰改良水质、底质和施肥等作用。漂白粉清塘药性消失较快，3~5 天后便可放养鱼苗，对急于使用的鱼池更适宜。

三、鱼池清塘后浮游生物的演替规律

在鱼苗放养前，有必要清楚鱼池清塘后浮游生物的演替规律和鱼苗的适时下塘，从而大幅提高苗种成活率及其质量。养鱼池底蕴藏着一定数量的藻类休眠孢子和浮游动物的休眠卵。鱼池清塘注水后，作为一个独立的人工生态系便开始了它生物群落的自然演替过程：首先出现的是那些个体小、繁殖速度快的硅藻和绿球藻类。此时，群落内部极不稳定，种群频繁更替；除各种小型藻类外，还间生着一些鞭毛藻类、浮游丝状藻类和浮游细菌。随后，原生动物和轮虫开始孳生；它们以小型藻类和细菌为食，池塘中即有足够数量的原始生产者又有较多的消费者，生态系中生境与群落间以及浮游生物群落内部趋于暂时的平衡。几天后一些滤食性的小型枝角类溞（裸腹溞）和大型枝角类溞（隆线溞等）先后出现。它们与轮虫同处一营养生态位，但由于枝角类的滤食能力强，处于竞争劣势的轮虫种群数量下降，枝角类居优势地位。枝角类种群密度的增大，代谢产物积累使本身生活条件（食物缺乏和溶氧不足）恶化，加上捕食性桡足类剑水蚤的繁衍和摄食，枝角类的数量逐渐下降。最后，一个由各类浮游植物和桡足类组成的比较稳定的浮游生物新群落形成。由此可见，鱼池清塘后浮游生物群落演替的主要过程是：清塘→浮游植物→轮虫→枝角类→桡足类。当水温为 20~25℃时，完成这一过程需 15~20 天。

鱼苗从下塘到全长 15~20mm，适口饵料生物大小的变化一般是：轮虫和无节幼体→小型枝角类→大型枝角类和桡足类。这同鱼池清塘后浮游生物群落演替的顺序一致。使鱼苗正值池塘轮虫繁殖

的高峰期下塘，不但刚下塘的鱼苗有充足的适口饵料，而且以后各个发育阶段也都有丰富的适口饵料。这种利用下塘鱼苗食物转化与鱼池清塘后浮游生物群落演替规律二者的一致性，即在轮虫繁殖的高峰期鱼苗下塘称为生态（池塘）适时下塘。

四、适时下塘

1. 适时下塘时机

同一批夏花鱼苗培育生产中成活率的高低差异显著，有的池塘成活率高达 90% 以上，有的池塘成活率低于 10%。虽然放养密度、水温、饵料和敌害生物等是影响鱼苗成活率的重要因素，但决定鱼苗成活率的关键因素往往是在下塘后开口摄食的前三天，把握住鱼苗下塘时机是提高成活率和生长率的重要措施。根据养殖鱼类人工催产和孵化时间，确定鱼苗培育池塘清塘和注水时间，合理采取饵料生物培育、水温和水质调控措施，才能保证水花鱼苗的适时下塘，从而大幅度提高鱼苗的成活率。因此，研究鱼苗适时下塘时机能为提高鱼苗成活率和生长率奠定坚实的基础。

鱼苗适时下塘包括两层含义：生理适时下塘和生态适时下塘。其中生理适时下塘是指鱼苗本身生理发育适时，即功能器官发育逐步完善，鳔充气，能水平游泳，口张开，消化道贯通，能摄食，卵黄囊未完全消失，鱼苗处于混合营养阶段；生态适时下塘是针对鱼苗下塘或者下池的生态环境而言，指池塘中有适宜的饵料生物并且有合适的饵料密度，同时有非常良好的生长环境条件，包括适宜水温、溶解氧（DO）、pH 等。

2. 适口饵料生物培养

鱼苗培育阶段饵料的好坏，应从其营养价值、适口性、可得性、对水质的影响以及饲养效果等方面衡量和评价。在鱼苗的池塘培育生产中，常用的饵料主要有大豆浆、微颗粒饲料、卤虫幼虫和轮虫等。

养殖泥鳅刚下塘水花全长只有 4mm 左右，口径 220~290μm，只能吞食 150~220μm 的饵料。轮虫与其他鱼苗开口饵料相比，其粗蛋白、粗脂肪含量均属上等（表8-5），大多数种类166～300μm，游泳速度慢，种群数量大，分布均匀。所以，轮虫是仔鱼培育较为理想的开口饵料。下面简要介绍轮虫的土池塘培养方法和技术。

表8-5　几种饵料营养成分

单位:%

饵料	大豆	微颗粒饲料	卤虫幼虫	轮虫
粗蛋白	37.0	47.14	57.38	58.2
粗脂肪	16.2	3.7	7.38	14.2
灰分	4.6	11.98	21.15	14.9

（1）轮虫休眠卵萌发条件。

轮虫休眠卵有圆球形、椭圆形和肾形等，直径70～200μm，其比重略大于淡水，通常在被泥沙掩埋，池塘表层淤泥（5cm）为最多，大约占总量的90%。轮虫休眠卵休眠期少则几个星期多则几年，当休眠卵内出现"气室"、悬浮水层或暴露于淤泥表面时才能萌发。多数淡水种类休眠卵萌发的最低温度为10℃，在10～40℃内，萌发时间随着温度的升高而缩短。轮虫休眠卵萌发的最低溶氧为0.5mg/L，适宜pH 6～10，盐度为0.8%以下。另外，干燥和冷冻也是促进轮虫休眠卵的萌发手段。

（2）池塘培养和延长轮虫高峰期的方法及技术措施。

1）选择具有足够数量休眠卵的池塘。轮虫休眠卵埋在淤泥中，取一定深度（≥5cm）和面积的淤泥，经过分离处理后，用显微镜观察计数。鱼苗培育池塘轮虫休眠卵数量应超过100万个/m²。养鱼池轮虫休眠卵数量与养殖时间和种类有一定关系，一般养鱼时间较长，休眠卵数量也较多；养殖鲤、鲫、草鱼等吞食鱼类的池塘休眠卵较多，养殖鲢、鳙的池塘休眠卵较少。

轮虫休眠卵数量与轮虫培养达到高峰期时间有密切关系，休眠卵越多，培养出的轮虫越多，达到高峰期需要的时间越短（表8-6）。

表 8-6　池塘淤泥中轮虫休眠卵数量与培养达到高峰期的时间

淤泥中休眠卵数量（万个/m²）	≤100	100~200	200~400	≥500
培养轮虫达到高峰期时间（水温20℃）	≥10	8~10	5~7	3~5

2）排干池水和用生石灰彻底清塘。在养鱼的空闲季节，要把池水排干，使池底淤泥经过风吹、日晒和冰冻，有利于轮虫休眠卵的萌发和有机物的分解。在放养鱼苗前，也要排干池水并用生石灰彻底清塘。生石灰遇水放出热量，也可促使休眠卵萌发。

3）适时注水和搅动淤泥。根据水温、轮虫休眠卵数量与轮虫达到高峰期时间的关系，确定注水和搅动淤泥的时间，以便保证鱼苗在轮虫高峰期时下塘。鱼苗培育池初次注水深度以 30~40cm 为适宜，浅水有利于水温的升高。注入河水和池塘水要经过过滤，防止敌害和野杂鱼的进入。注水后，可用大拉网、铁链、铁耙等工具搅动淤泥，促使轮虫休眠卵上浮到水层中并萌发。

4）适当施肥和加注新水。轮虫的主要食物是细菌、腐屑和藻类等，施粪肥可带入大量细菌、腐屑和培养藻类。所以，鱼苗培育池清塘后应施粪肥（鸡粪）100~200kg/亩，为轮虫的大量繁殖和生长奠定饵料基础。

当轮虫大量繁殖后，藻类被滤食，池水变清；同时，代谢产物积累，水质恶化。所以，还应根据池塘水色和藻类情况适当追肥和加注新水，以保障轮虫繁殖和生长所需的饵料和水质条件。

5）控制敌害和竞争生物。池塘淤泥中不仅有轮虫休眠卵，而且有枝角类、桡足类等浮游动物休眠卵存在，它们也会在清塘注水后萌发、繁殖；如果加注河水和池塘水，也会带入上述浮游动物的成体、幼体或休眠卵。桡足类摄食轮虫，是轮虫的天敌。枝角类虽然不摄食轮虫，但它们与轮虫生态位相同，与轮虫争夺空间和饵料。所以，培养和延长轮虫高峰期，必须控制枝角类和桡足类的数量。实践证明，用晶体敌百虫可有效控制池塘中枝角类和桡足类数量。

表 8-7 是晶体敌百虫杀死几种枝角类和桡足类的用量。

表 8-7　晶体敌百虫杀死几种枝角类、桡足类和轮虫的用量

浮游动物种类	大型枝角类（隆线溞、大型溞等）	小型枝角类（裸腹溞等）	桡足类（剑水溞）	轮虫（萼花臂尾轮虫）
敌百虫浓度（mg/L）	0.05	0.3~0.5	0.5~0.7	1.0~1.2

必须指出，随着养殖鱼类水花鱼苗的生长和口径增大，枝角类和桡足类也将成为重要的饵料。所以，杀死枝角类和桡足类应视其危害程度和时机。

6）控制轮虫种群数量。池塘中轮虫数量达 1 万~2 万个/L（20~40mg/L）时就是高峰期；这时如不采取措施，就会因种群密度过大、饵料匮乏和水质恶化等原因造成轮虫数量急剧减少。所以，应控制轮虫种群数量在适宜范围，以维持和延长轮虫高峰期。控制池塘中轮虫种群密度可采取药物在局部泼洒和水泵、筛绢网抽滤等方法。

五、鱼苗放养

鱼苗池放养的密度对鱼苗的生长速度和成活率有很大的影响。一般来讲，在合理的放养密度下，鱼苗的生长率和成活率都较高；密度过大则鱼苗生长缓慢，成活率也低；密度过小，虽然鱼苗生长快、成活率高，但是浪费水面，肥料和饵料的利用率低，使成本增高。鱼苗放养前一天必须检查鱼苗培育池中是否有敌害生物，如蛙卵、蝌蚪、有害昆虫、野杂鱼等，如有，需用密眼网拉 1~2 遍以上加以清除。鱼苗原来所处容器的水温与培育池水温差值不可过大。一般不超过 3℃ 以上，若温差超过 5℃，必须缓慢调节鱼苗所处容器的水温，使之接近池水温度。用塑料袋充氧运输的鱼苗，须先将鱼苗放入较大容器或网箱内，经调节好水温和溶氧量，待鱼苗正常游动后方可放入鱼池。必须待清塘药物的药效消失后方可放养鱼苗。一般清塘后 7 天左右药效基本消失。为保安全，最好取一些池水，

先放入少量鱼苗，经7~8h无异状，证明药性已过，再放养鱼苗。同一池塘应放同批鱼苗，如个体大小差异过大、游泳和摄食能力不同，会影响出塘成活率，规格也不整齐。有风天应在鱼池的上风处放鱼苗，在下风处放鱼苗易被风吹到池边致死。放养鱼苗最好在晴天无风的上午进行，辽宁辽阳地区台湾泥鳅的放养情况如表8-8所示。

表8-8 辽阳地区台湾泥鳅水花下塘及夏花出塘情况

放养时期	放养水花规格	放养密度	出塘夏花密度	出塘夏花规格
时间	mm	万尾/亩	万尾/亩	尾/500g
5月中旬	4	100	50~80	3000~5000

六、饲养管理

鱼苗培育中饲养管理工作内容主要包括巡塘、定期注水、适当投喂和鱼病防治等。

1. 巡塘

巡塘是指在特定时间到池塘巡视，以便及时发现问题和解决问题。鱼苗培育中的巡塘一般选择在凌晨和傍晚，此时池塘的水温和溶氧为一天的极值，也容易观察到鱼苗和其他生物对池塘水温、水质变化的适应活动。巡塘除了观察水色、水位及其变化、浮游生物和鱼苗活动情况和测定水温、溶氧、pH、氨氮等水质指标外，还应随时检查和维修注排水口（或管道）、清除蛙卵和杂草等。

2. 定期注水

鱼苗培育池加注新水的目的是扩大水体空间、冲淡代谢产物、改善水质、促进鱼苗和饵料生物的生长、繁殖。一般每2~3天加水一次，每次使池水深度增加10cm左右。鱼苗池加水应在晴天上午进行，注水水流适宜（不能过大或过小）。加注河水或池塘水时，应用筛绢网过滤，切勿带入野杂鱼及其鱼卵。

3. 适当投喂

鱼苗培育采用彻底清塘、培养饵料生物和适时下塘方法，池塘中饵料生物发生、发展与鱼苗适口饵料及食性转化相一致，天然饵料一般可以满足鱼苗生长的需要，不必投饵。如果池塘中天然饵料不足，特别是当鱼苗全长 15mm 以上，生物量不能满足鱼苗生长需要时，应适当投饵。鱼苗培育中投喂饲料及其方法有：

（1）生物饵料。专池培养生物饵料（轮虫培养方法同上），采取水泵和筛绢网抽滤方法获得轮虫、枝角类和桡足类等生物饵料；然后，按一定密度投喂。

（2）人工饲料。鱼苗培育中投喂的人工饲料主要有大豆浆、草浆、鱼糜浆或配合饲料面团等。一般仔鱼和早期稚鱼阶段投喂大豆浆、草浆或鱼糜浆等。如大豆浆，用大豆量每天 $3 \sim 5kg/667m^2$，按 $1：7 \sim 1：8$ 加水浸泡 $4 \sim 5h$，用磨磨浆、$80 \sim 100$ 目筛绢网过滤，去除残渣；现用现磨，每天在 9：00、15：00 和 18：00 分 3 次追鱼（距池边 $1 \sim 2m$ 处）泼洒投喂。

4. 鱼病防治

鱼病防治应以防为主、积极治疗的基本原则。用生石灰彻底清塘，加注洁净水源；鱼苗下塘时做鱼体消毒处理，如寄生虫（纤毛虫）病使用硫酸铜和硫酸亚铁防治，细菌病使用氯制剂、碘制剂、抗生素等防治。

七、乌仔头和夏花出塘

乌仔头和夏花出塘操作，与拉网锻炼基本相同，将乌仔头和夏花集中在网箱中。夏花出塘过数的方法有两种：容量法和重量法。容量法是用抄网捞取夏花，放入底部有孔的小杯中，计量鱼的杯数，再任选几杯过数，求出每杯的平均尾数，然后推算出总尾数。重量法是用抄网捞取夏花，放筛网中，用称称，称量单位质量，查尾数，然后推算出总尾数。夏花出塘时，最好用高锰酸钾和食盐消毒。可用竹篾编制成大小不同规格的鱼筛，很快把不同大小的鱼分开。夏花鱼种质量的鉴定指标是规格大小、整齐度和体质强弱。具体鉴别指标如下：优良夏花：规格大且整齐，头小背厚、体色光亮、肌肉润泽、无寄生虫。行动活泼，集群游泳，受惊时迅速成群潜入水底，

抢食能力强；在容器中喜欢在水下活动，并逆水游泳。身上和各鳍不带泥。劣等夏花：规格小且不整齐，头大背狭尾柄细，体色暗淡、鳞片残缺。行动缓慢，分散游动，受惊时反应不敏捷；在容器中逆水不前。身上或鳍上拖泥。

第四节　泥鳅鱼种的培育（夏花养成 1 龄鱼种）

鱼苗养成夏花后，体重增长数十倍至百余倍，如果仍在原池继续培育，密度就会过大，影响鱼体的成长。因此，需要减小密度，分塘饲养。由于夏花身体尚小，逃避敌害侵袭和觅食的能力都还较弱，仍不宜直接向大池塘、湖泊或水库放养，否则会降低成活率。因此，还必须将夏花再经过一段时间的精心饲养，培育成较大规格的 1 龄（当年）鱼种，才可供养食用鱼之用。

一、夏花放养前的准备工作

鱼种池的条件与鱼苗池相似，但鲤科和大多数鱼类鱼种池的面积要求较大，一般为 $2000 \sim 6700m^2$，池深一般为 $100 \sim 150cm$，在池塘上方架设防鸟网。泥鳅喜欢钻泥，易逃逸，所以在修建养殖池时必须有防逃墙。土池池壁和池底必须夯实，在池塘四周用水泥板、砖块、硬塑料板或木板从中央嵌入底泥中 $15 \sim 30cm$，且高于池埂 $30 \sim 50cm$，上设有向池中延伸 $12cm$ 左右的尼龙网或金属网倒檐。

一般来说，泥鳅需要做好防钻底泥措施，台湾泥鳅夏花不用做此措施，但均需要做好防逃、防鸟措施。

二、夏花放养

1. 搭配混养

一般搭配白鲢夏花 $2000 \sim 3000$ 尾/亩，一般情况下不搭配花鲢夏花。

2. 放养密度

台湾泥鳅夏花放养时间为 6 月中旬，25 万 ～ 30 万尾/亩，养成至

秋片，其规格为 50~80 尾/500g。

三、鱼种的饲养管理

鱼种饲养的方法依鱼的种类、放养密度、饲料与肥料供应情况等而不同，鱼种的食性有了明显分化，而且摄食量大、放养密度大、饲养时间长（3~5 个月），天然饵料一般不能满足鱼类快速生长的需要。因此，科学配制、合理投喂人工饲料，加强水质管理是培育大规格鱼种，提高养鱼效益的最重要手段。

鱼种的营养生理学和对各种营养素的需求是投饲养鱼种的基础理论之一；而投喂的生物学技术则是使饲（饵）料转化为高质鱼产品的桥梁。投喂的生物学技术主要包括最适投饲量、投饲方法、投饲次数、时间和速度等。

1. 投饲量

投饲量通常用投喂的饲（饵）料重量占鱼体湿重（生物量）的百分数来表示，又称投饲率（feeding rate）。投喂量过低，鱼处于饥饿或半饥饿状态，生长发育缓慢；投喂量过大，不但饲（饵）料利用率低，而且会败坏水质，滋生病害，造成鱼死亡。因此，适宜的投饲量是提高饲料利用率、降低养鱼成本的关键。所谓最适投饲量就是饲料转化效率最高、鱼类生长速度较快和群体产量最高时的投饲量。

影响投饲率的因素主要有鱼的摄食量、水质、水温等环境条件和饲料的营养价值和加工方法等。鱼类的摄食行为包括食欲的唤起—寻食—定位—识别—捕捉—口咽处理—饱食等一系列正、负反馈行为。食物的物理性（形状、大小、颜色或行为状态）、化学性（气味、信息物质）和辐射（食物的光、声、信号）等外界刺激为鱼类的感觉器官所感知，唤起食欲，加之饥饿时空腹的刺激，共同作用于视丘脑的摄食中枢，再通过神经和体液传导至摄食器官引发一系列摄食行为。肠充满后使食欲减退，引起摄食的负反馈，即减少或停止摄食。鱼由食欲旺盛到饱食的过程中表现为：激烈抢食到缓慢摄食，甚至停食；由大鱼先抢食到小鱼再争食；由集中于水面

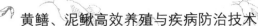

争食而溅起水花，到分散水下摄食而水面仅出现水波纹；由池或箱中央抢食到边缘抢食。实践证明，投饵量在八成饱（即只喂到鱼饱食量的80%；且80%的鱼能吃饱）时，饲料效率最高。食物在消化道中消化和移动的时间依鱼的种类、水温、投饵量、投喂次数及饲料质量、加工方法等而异，一般日投饵量为体重的3%~10%。

2. 投喂次数

投喂次数是指投喂量确定后，一天之中分几次来投喂。这同样关系到饲料的利用率和鱼类的生长速度。投喂过频繁，不仅劳动强度大，而且会因每次投喂量过少而加剧鱼规格的分化；投喂次数太少，每次投喂量必然加大而增加饲料损失率。投喂次数主要取决于鱼类消化器官的发育特征、摄食习性及环境条件。一般来说，有胃鱼类投喂次数可适当少些，无胃鱼类可适当多些；同种鱼类，鱼苗阶段投喂次数适当多些，鱼种次之，成鱼少些；饲料营养价值高可适当少些，反之多些；水温和溶氧高时可适当多些，反之，少些或停食。考虑到泥鳅肠道较短，且晚上摄食量增加，故水温在25℃以上时，日投6次（5：30、9：00、13：30、17：00、19：00、21：00、24：00），晚上摄食量占比2/3以上，每次投喂1h。

3. 投喂方法

养鱼生产中的"三看"（看天气、看水质、看鱼的活动）和"四定"（定时、定质、定量、定点）投喂的核心是根据各种因子综合考虑的投喂量和投饵方法。

（1）定时。投饵必须定时进行，以便养成鱼类按时吃食的习惯，提高饵料的利用率；同时选择水温较适宜、溶氧较高的时间投饵，可以提高鱼的摄食量，有利于鱼类生长。

（2）定位。投饵必须有固定的位置，使鱼类集中于一定的地点吃食。这样不但可减少饵料浪费，而且便于检查鱼的摄食情况、便于清除残饵和进行食场消毒，保证鱼类吃食卫生。

（3）定质。饲料必须新鲜，不腐败变质。有条件的可考虑投喂配制的颗粒饲料，提高饲料的营养价值。饲料颗粒的大小应比鱼的口裂小，加强饵料的适口性。

（4）定量。投饵应掌握适当的数量，不可过多或忽多忽少，使鱼类吃食均匀，以提高鱼类的饵料的消化吸收率，减少疾病，有利于生长。

驯食（驯化吃食性鱼类上浮集中吃食）：驯食是使下塘夏花尽快上浮吃食的一项技术，驯食好坏关系到秋片鱼种养成规格和整齐。投喂前先制造声响或在池边堆放少量饲料，使鱼形成条件反射，3~5天后再进行正式投喂。开始投喂时要慢，随着鱼群的聚集和抢食的增强，应加快投喂，待鱼减少时再减慢抛洒速度。所以，投喂应掌握慢—快—慢的节奏。饲料台是用竹或塑料等材料制成的放置饲料、供鱼摄食的装置。依照鱼的摄食习性，把它设置在鱼池底部或上部。通常每 $667m^2$ 的鱼池设 6~8 个饲料台。这种方法可使鱼养成定点摄食的习惯，便于检查摄食情况、清除残饵和预防疾病。投喂饲料的营养要满足泥鳅不同阶段的生长需要，而且要新鲜，不腐败变质。饲料的适口性要好，适于不同种类和大小的鱼的摄食。

4. 日常管理

（1）水质调控。苗种培育过程中，每日早、午、晚各巡塘一次，观察水色和鱼的动态。水质调控的措施和办法有：

1）加注新水和排出。鱼种培育池要每隔 5~10 天，加水一次；注水量为增加 10cm 深度。如果水质恶化，排出部分老水后，再加注新水。

2）适当施肥，保持浮游植物数量和良好的生理状态。根据池塘缺肥情况合理施肥。以"吃食鱼"为主的高产池塘，一般不施有机肥。

3）合理使用增氧机。高产池塘一般每 $667m^2$ 池塘设一台增氧机。坚持晴天中午开增氧机、凌晨缺氧时开增氧机。

4）经常搅动底泥。晴天中午搅动底泥能起到施肥的作用；另外，搅动底泥也能减少底层氧债。

5）使用水质改良剂。用于池塘养鱼水质调控的化学药物主要有：增氧剂、底质改良剂和水质改良剂，近年来生产上使用越来越多的是微生态制剂，微生态制剂（Microbial ecologicalagent）是从正常微生物中筛选的，经培养后制成的微生态制品，包括活菌体、死菌体、菌体成分、代谢产物及促生长活性物质等。关于微生态制剂使用较多的有以下几种：枯草芽孢杆菌（*Bacillus subtilis*）、酵母菌（*Saccharomyce*）、乳酸菌（Lactic acid bacteria，LAB）、光台细菌（*Photo Syntnetic Bacteda*，PSB）、硝化细菌（*nitrifying bacteria*）、反硝化细菌（*denitrifying bacteria*）、EM 菌（Effective Microorganisms）。

（2）病害防治。夏季高温时，应定期投喂药饵和消毒食场，以防发生鱼病。夏花鱼种出塘后，经过 2~3 次拉网锻炼，鱼体往往容易寄生车轮虫、斜管虫等，一般用硫酸铜与硫酸亚铁合剂（5∶2）全池泼洒，使池水成 0.7mg/L（不同生长阶段鱼苗需提前预试验）。鱼种下塘前，采用药物浸浴。通常将鱼种放在 20mg/L 的高锰酸钾浸浴 15~20min，在 7~9 月高温季节，每隔 20~30 天用 30mg/L 的生石灰水（盐碱地鱼池忌用）全池泼洒。

第五节　泥鳅成鱼养殖（春片养成商品鱼）

一、池塘清整

1. 池塘准备

成鳅池面积以 2000~6700m² 为宜，水深 150~200cm。池的四壁及池底须夯实，以免渗漏，池底淤泥厚度为 10~20cm。如果养殖普通泥鳅，需要采取防钻底泥措施如鱼苗培育部分，养殖台湾泥鳅则不需要采取防钻底泥措施。进、排水须用金属丝网或尼龙丝网护住，以防泥鳅逃逸或敌害生物进入。在池塘上空架设防鸟网，沿塘内四周用网片围起，并在泥鳅池内设置微孔增氧设施或其他增氧设施。

2. 池塘消毒

鳅苗种放养前 8~10 天，用生石灰或漂白粉彻底清塘，杀灭池中的有害细菌及敌害生物。

3. 施肥

放养前 7 天加注新水至 100cm，施基肥。基肥通常用腐熟发酵

的畜禽粪肥。每平方米用鸡粪 200g，施肥的方法可采用将肥料装入编织袋堆在池的四角，让养分自然释放出来。

二、鳅苗种放养

1. 鳅苗种要求

鳅苗种要求大小整齐，行动活泼，体质强壮，无病、无畸形。规格为 6~10g/尾。

2. 鳅苗种消毒

鳅苗种放养前要进行消毒处理。一般每立方米水体用硫酸铜 7g 或溴氯海因 0.3mL 消毒，在水温 10~15℃时，浸浴 20~30min。

3. 放养密度

放养密度与地域、鱼种、养殖条件和饲养技术水平有关。池塘有微流水时放养量大些，静水养殖时放养量小些；养殖技术高可增加放养量，反之，则减少放养量。放养密度还与规格有关。放养规格小的鳅苗种，放养量可减少，放养规格大的鳅苗种，放养量要增加。一般放养量：在辽宁辽阳地区规格 20 尾/kg 左右的人工繁育鳅苗种，每亩放 10 万~15 万尾。

三、饲养管理

1. 投饲

绝大部分养殖户用人工配合饲料养殖泥鳅，既方便和节约成本，又可产生较好的养殖效果。泥鳅通常在水温 15℃时开始正常摄食，摄食量为鱼体重的 2%。当水温达到 20~28℃时，投饵量增至鱼体重的 3%~8%，每天分 6 次投喂，时间分别为 5：30、9：00、13：30、17：00、19：00、21：00、24：00，晚上摄食量占比为 2/3 以上，每次投喂 1h。若水温高于 30℃或低于 10℃，酌情减少投饵量。一般使用投饵机进行投喂，值得注意的是：①投喂新鲜、适口的饲料，不投变质的饲料。②根据天气情况及时调整投喂量，晴天多投、阴天少投、雨天少投或不投、闷热雷雨天不投。③早开食、晚停食，当春天水温上升到 10℃左右时就要开始投喂少量饲料，当秋天水温下降至 10℃ 左右时仍要投喂少量饲料。这样能保证泥鳅最大限度地生长和积累能量。

2. 日常管理

（1）水质管理。定期施用微生态制剂，水温 23℃ 以上，每周用微生态制剂 1 次；适时加注新水，保持水质"肥、活、嫩、爽"，透明度为 20～25cm。

（2）检查泥鳅的摄食情况。饲料投喂后 1h 检查食台饵料剩余情况。如饵料没有剩余，应酌情加大投喂量。

（3）疾病预防。每隔 15 天，用二氧化氯消毒水体 1 次；在鱼病高发季节，定期投喂药饵，预防疾病。

（4）巡塘。坚持每天早、中、晚巡塘 3 次，密切注意池水的颜色变化和泥鳅的活动情况；及时观察饵料投喂后的摄食状况，发现问题后应及时解决。巡塘时还要将池塘中的蛙卵、杂物等及时捞出，保持池塘的整洁。

（5）防逃工作。要经常检查池埂是否牢固，进排水口网罩是否结实，如有漏洞，及时修补。在降暴雨或连日下大雨时，要检查围网是否倒伏，池塘水是否溢出，如有情况，及时采取措施。

第六节　泥鳅的稻田生态养殖

大鳞副泥鳅为杂食性小型鱼类，肉质鲜嫩爽滑，生长性能好，营养价值高，备受喜爱。因大鳞副泥鳅生长快，容易捕捞，日常管理方便，养殖工程投入少，在北方地区养殖产量逐年上升。养殖户养殖较多的是台湾泥鳅，为大鳞副泥鳅的选育种，主要特点是生长快，钻底泥能力差，个体大，养殖产量高。在保证粮食安全的前提下，发展立体生态种养殖，使稻田的生态系统结构更合理、功能更完善、效率更高，提高经济效益、社会效益和生态效益，是名副其实的资源节约型、环境友好型和食品安全型产业。稻田生态综合种养可减少化肥农药使用量，减少化肥流失和对环境的污染，利于发展无公害食品生产，"鳅田大米"深受市场欢迎，是农民增收的有效

途径。稻田生态养殖泥鳅是将水稻种植与泥鳅养殖有机结合的一种立体种养模式，泥鳅摄食杂草种子、害虫及其卵粒，疏松土壤，粪便肥水，从而实现稻、鳅双丰收目的，具有成本低、经济效益较高、收效较快等特点，适合分散经营，是发展农村经济的一条有效途径。现将辽宁地区的稻田生态养殖模式总结如下，仅供参考。

一、稻田养鳅的环境条件

1. 产地环境、水质要求和稻田选择

产地环境符合《农产品安全质量　无公害水产品产地环境要求》（GB/T 18407.4—2001）的规定。水源水质符合《渔业水质标准》（GB 11607—1989）的要求，养殖水质符合《无公害食品　淡水养殖用水水质》（NY 5051—2001）的规定。选择水源充足、水质清新、无污染、进排水方便、田埂坚固、交通便利、保水性能好的田块。每块稻田养殖面积为 2000~3333m^2。

2. 田间工程

3月下旬用机械或人工开挖稻田环沟，表层土加高田面，底层土加高加宽田埂，坡度按 1∶1 比例修筑、夯实，埂底宽 80~100cm，顶宽 40~60cm，不渗水，不漏水，田埂高出稻田平面 40~50cm。进排水口对角设置，用砖石砌成或埋设涵管，进排水口处设拱形双层网拦鱼栅，外层用密目聚乙烯网，内层用密目铁丝网，网眼直径 0.4cm，宽度为进排水口 1.6 倍以上，进水口处凸面朝外，排水口处凸面向里，高于田埂，或涵管管口套置滤水网袋。稻田四周用 8~20 目纱网或塑料薄膜设高 50~60cm 的防逃防敌害墙。距田埂 1m 处挖环沟，上口宽 2~3m，底宽 1~2m，深 1m。稻田上方设置网眼 2~3cm 的防鸟网，底部与防逃墙上沿连接，中间用竹竿撑起 1.5~2m。

二、放养前准备

1. 进水消毒

放养泥鳅苗种前 15 天进水，进水口安装 80 目筛网，防止野杂鱼及敌害生物进入池塘，全池遍洒 25kg/亩生石灰化水消毒。

2. 天然饵料培养

环沟施有机肥料，繁殖浮游生物，前期每隔 15 天根据具体情况适当追肥，用量为 50kg/亩，后期不追肥。

三、稻田管理

1. 水稻种植

水稻选择抗倒伏、耐肥、抗病虫害的品种。水稻栽插、收割与普通稻田相同。水稻种植、施肥参照《无公害食品 水稻生产技术规程》（NY/T 5117—2002）规定执行。一次性施足底肥，尽量不补肥，靠近环沟 2m 左右的地方不施化学肥料。插秧要稀植，密度为 1.7 万株/亩。

2. 养殖用水的管理

在不影响水稻生长的情况下尽量加深水位，水稻种植期间田面保持水深 5cm 以上，每次稻田给水都要排灌，保持水质清爽。定期疏通环沟，保证水的畅通。

3. 水稻病虫害防治

水稻病虫害防治农药符合《农药安全使用标准》（GB 4285—1989）的规定，防治方法参照《无公害食品 水稻生产技术规程》（NY/T 5117—2002）和《稻田养鱼技术规范》（SC/T 1009—2006）规定执行。

四、苗种放养

1. 苗种来源

从省级及省级以上良种场购入或自育。外购苗种应经检疫合格。

2. 苗种质量

规格 5cm 以上，大小整齐、无畸形、无外伤、活力好。

3. 苗种放养

投放时间一般在插秧后 10~20 天，放苗前需检测水质和试水，水质指标正常时放养苗种，下塘前进行苗种消毒，用 3%~5% 食盐水浸泡 5~10min 或用 10g/m³ 高锰酸钾溶液浸泡 10~15min。放养密度为：

大鳞副泥鳅 0.5 万~1 万尾/亩，搭养白鲢夏花鱼种 500 尾/亩。

五、养殖管理

1. 饲料投喂

饲料符合《饲料卫生标准》（GB 13078—2017）和《无公害食品　渔用配合饲料安全限量》（NY 5072—2002）的规定，投喂全价膨化饲料，其蛋白质含量要求为前期 36%，中期 32%，后期 28%。为防止胀气病，前期膨化饲料需泡水后投喂，用干净的水浸泡 0.5h 左右，水量占饲料重量的 10% 左右。投喂量一般为鱼体重的 3% ~ 8%，不能过量投喂，前期投喂量为体重的 8%，中期为体重的 5%，后期为体重的 3%，每天投喂 2~3 次，上午 7 时至 10 时和下午 4 时至 6 时，吃食最多，将饲料投在环沟内，每次投喂饲料以 30min 内吃完为宜。投喂量还需根据泥鳅个体的大小以及天气、水温、季节和泥鳅的活动情况灵活掌握，阴雨天或水温高于 30℃、低于 10℃时不投喂。

2. 水质管理

养殖过程中在环沟内可使用微生态制剂调节水质，每隔 10~15 天使用一次，或每 15~20 天用生石灰化水后泼洒一次，用量为 15~20g/m^3。

3. 日常管理

每日巡塘，注意观察水质与水色变化，泥鳅活动、生长、摄食及防逃设施、敌害等情况。

六、捕捞

大鳞副泥鳅有低温钻泥习性，因此，辽宁地区需在 9 月 10 日前开始起捕，排干田水，使泥鳅进入环沟，用地笼网在环沟中诱捕，2~3 天后，结合进排水冲水刺激，通过几次反复冲水，可起捕多数泥鳅，起捕率达 85%~90%。最后排干环沟水，将泥鳅全部集中在底部铺有塑料薄膜的暂养沟中，人工捕捞。

七、病害防治

1. 病害预防

放养前对养殖稻田进行清整消毒，苗种放养前需严格消毒，控制水质，投喂新鲜饲料，经常使用益生菌，根据水质情况，适时进行水体消毒。每30天制作多种维生素、免疫多糖、三黄散、氟苯尼考等复合药饵，早晚各投喂一次，每次连喂5~7天，预防疾病。

2. 疾病治疗

主要病害有烂尾、肠炎、鳃霉、寄生虫等疾病，要注观察泥鳅的摄食、活动及死亡情况，如有异常要及时诊断病因，对症下药。严禁使用国家禁用农药和渔药，严格遵照用药量和休药期规定，确保泥鳅和水稻的食用安全，体药期和药物使用需符合《无公害食品　水产品中渔药残留限量》（NY 5070—2002）和《无公害食品　渔用药物使用准则》（NY 5071—2002）的规定。

第九章　泥鳅的病害防治

近年来，泥鳅因其肉质细嫩、味道鲜美，越来越受到消费者青睐，养鳅业迅猛发展，池塘养殖产量最高可达 5000kg/亩，但鳅病日益严重，每年均造成巨大的经济损失，本章主要介绍泥鳅病害发生的原因及常见病害的防治方法。

第一节　泥鳅病害发生的原因

泥鳅虽然生命力很强，但是在养殖过程中由于养殖密度过大、管理不善或环境恶化等情况，还是有患病现象发生，尤其在泥鳅苗种培育阶段，直接影响其生长速度和成活率，因此不应忽视泥鳅的病害。泥鳅患病可分为两大因素：一是外因，包括养殖环境及人为因素；二是内因，即泥鳅自身免疫力。二者相互作用，相互影响。疾病的发生是由机体所处的外部因素和机体内在因素共同作用的结果，鱼类疾病发生的原因同样从内因和外因两方面进行分析。外部因素包括致病生物及患病条件，内部因素是指机体的生理特点形成的对致病因素的敏感程度。对于人工养殖鱼类，疾病的发生与否与人为因素密切相关。

一、外部因素

（一）致病生物

致病生物也称为病原体，主要包括细菌、病毒、真菌、藻类、原生动物以及蠕虫、蛭类和某些甲壳动物。导致鱼类发生生物性疾病的病原体中，有些个体很小，利用显微镜放大几百倍甚至上万倍才能看清，被称为微生物，如细菌、病毒、立克次氏体、衣原体和

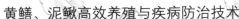
真菌等。由这些微生物引起的疾病称为微生物疾病，此类疾病发生时，一般都显现出快速传染的特征，所以微生物疾病又被称为传染性疾病。一些个体较大的病原体，如原生动物、蠕虫、甲壳动物等，统称为寄生虫，引起的疾病称为寄生虫疾病，也被称为侵袭性疾病。

消灭或抑制水体和鱼体中的各种病原体是预防和治疗养殖鱼类疾病的目标。养殖环境中的各种病原体能否感染鱼体而引起疾病，主要与病原体的毒力和数量有关。当养殖鱼体受到毒力强的病原体感染时，即使数量少也可能导致养殖鱼类出现疾病症状，而当养殖鱼类受到毒力弱的病原体感染时，则鱼体只是成为病原携带者，不一定发生疾病，即无症状感染者。不过，在短时期内毒力比较弱的病原体大量侵入鱼体也可能引起疾病。总而言之，如果养殖环境中存在某种病原体，就有可能引起养殖鱼类发生某种疾病。因此，在引进鱼种时实行严格检疫，避免将病原体带入养殖环境中，控制养殖环境中病原体的数量是预防养殖鱼类疾病发生的根本措施。

（二）环境条件

养殖环境条件能够影响病原体的毒力和数量，以及养殖鱼类的内在抗病能力，在特定的养殖环境条件下，病原体才能引起鱼类疾病的发生。水产养殖环境条件主要包括水体理化，生物因素和人为因素3个方面。

1. 水体理化性质

（1）水温。鱼类是变温动物，其体温随养殖水体温度变化而变化。当养殖水温突然上升或下降时，鱼类容易发生生理性失衡导致病理性变化，进而造成对各种病原体的抵抗力下降而患病。对一般养殖鱼类而言，水温的突然变化不宜超过2℃，泥鳅等淡水鱼类对水温变化的适应能力较强，但是，水温变化范围也不宜超过5℃。鱼类的中暑或感冒的发生均是由养殖水温急剧变化引起的。

（2）酸碱度。养殖水体的酸碱度通常用 pH 表示，鱼类适宜的养殖水体 pH 为 6.7~8.0，即中性偏碱。当水体偏酸时，鱼体生长缓

慢，有毒物质此时毒性随之增强，而水体过度偏碱，鱼鳃会分泌大量黏液，阻碍鱼体正常呼吸。

（3）溶解氧。当养殖水体溶解氧不足时，鱼体会出现浮头，长期生活在溶解氧不足的水体会导致鱼体抗病能力低下。当养殖水体中溶解氧严重不足时，鱼类就会因缺氧窒息而亡。

（4）毒物。常见的对鱼类有毒害作用的有硫化氢和防治疾病的重金属盐类。这些毒物不但可能直接引起鱼类中毒，而且能降低鱼体的免疫防御技能，致使病原体更容易侵入。急性中毒时，鱼类在毒气内出现中毒症状甚至迅速死亡。当毒物浓度较低时，表现出慢性中毒，此时鱼体在短期内不会出现明显的症状，但会出现生长缓慢或者畸形的现象，更容易受到病原体的感染而患病。

2. 生物因素

（1）病原体。当养殖水体中病原体数量过多时，容易引起鱼类患病。在养殖过程中通过控制养殖水体中病原体数量，可以达到减少或者消灭鱼类疾病的目的。但需要注意的是，在养殖水体中使用药物的同时，药物的毒性也可能危害养殖鱼类。选用对病原体杀灭力强而对鱼体毒性低的药物，并正确掌握药物用量，能够有效避免危害养殖鱼类。在疾病流行季节，水产养殖工作者可以根据历年疾病发生情况，适时采用适宜的消毒剂对养殖水体进行消毒，这种预防措施对防治微生物疾病的发生是有意义的。但是，为了预防各种寄生虫病的发生而采用杀虫药物定期杀灭寄生虫的做法是错误的。这是因为在水产养殖中，杀虫药物和抗生素类药物一样，不能作为预防疾病的药物使用，只能作为治疗疾病的药物使用。此外，主张预防用药量减半的做法也是错误的。因为药物只有达到一定的剂量才能抑制或者杀灭病原体，减半后使用则会失效，反而导致病原体产生耐药性。

（2）鱼类。在同一养殖水体中养殖鱼类的品种和规格要搭配得当，养殖鱼类的放养密度要合理。一般而言，性情凶猛的鱼类与温顺的鱼类，以及规格差异太大的鱼类不宜一起养殖。有许多研究结果表明，同一养殖水体的鱼类，处于弱势的种群可能因为强势鱼群的胁迫而受到应激性刺激，导致抗病能力下降。

3. 人为因素

人为因素主要指水产养殖过程中人工养殖管理措施是否恰当。例如，鱼类在捕捞和运输过程中，如果操作不当，鱼体受伤后易发生水霉病。当投喂不适量，饲料质量不好或营养不全面时，可能引起鱼类消化道疾病和营养型疾病。

二、内在因素

1. 个体免疫

水产养殖工作者经常会观察到如下现象，即在同一养殖水体中的同一种鱼类，当疾病流行时，总会出现一部分鱼类生病，另外一部分健康的现象。这种现象表明，同种鱼类的不同个体对相同病原体存在不同的抵抗力，在免疫学中将这种现象称为个体免疫。由于个体免疫力强弱不同，相同种类对某种病原体个体间抵抗力会产生差异。抵抗力强的个体可以抵御病原体的入侵，而抵抗力弱的鱼类则可能受病原体的入侵而发病。

2. 非特异性免疫

非特异性免疫应答是机体对抗原物质的一种生理排斥反应。这种功能是在进化过程中获得的，可以遗传给下一代。非特异性免疫一般比较稳定，不因抗原的刺激而存在，也不因抗原的多次刺激而增强。这种免疫应答没有免疫记忆，当大量抗原刺激时，免疫反应并不会增强，也不会减弱。非特异性免疫反应的对象是广泛的，不是针对某一抗原性物质，因此，不如特异性体液免疫和细胞免疫那样专一。非特异性免疫应答主要由机体的屏障作用、吞噬细胞的吞噬作用和组织与体液中的抗微生物物质组成，是机体免疫应答的一个重要方面。养殖鱼类机体的生理因素和种类的差异、年龄以及所处的应激状态等均与非特异性免疫有关。

第二节　泥鳅的病害防治

一、细菌性疾病

1. 烂鳃病

（1）病原。柱状嗜纤维菌。

（2）摄食情况及死亡。通常情况下，烂鳃病初期不易被发现。初期吃食量减少，上下游动，和平时相比活动量增大，料台前吃食密度减小。中期出现个别离群独游，溜边，悬停在下风头的个体，有刺激迅速潜水。后期有部分死亡个体，多数沉底后上浮。一般无寄生虫伴生，死亡量无明显高峰，持续时间长，每天死亡增量大。

（3）镜检症状。初期鳃丝肿胀，黏液增多，小片充血扩张。中期鳃片破溃，肿胀严重。末期鳃丝末端腐烂变白，软骨外漏。鳃上带有泥污。

（4）预防方法。①生石灰彻底清塘。②池塘施有机肥应经过充分发酵腐熟。③苗种下塘前用 15~20mg/L 的高锰酸钾水溶液药浴 15~30min。④在发病季节，每月全池泼洒生石灰溶液 1~2 次，使池水的 pH 保持在 8.0 左右。⑤定期用微生态制剂调控水质。

（5）治疗方法。发病较轻时，每立方米水体用复合碘 0.21~0.25mL，连用 3 天。同时每千克体重用恩诺沙星或氟苯尼考 5~15mg 拌饲投喂，每天 1 次，连喂 5~7 天；发病较重时或者外用每立方米水体复合碘 0.25mL、戊二醛苯扎溴铵 0.37mL 合剂交替使用，连用 4 天。

2. 烂身病

此病感染部位不同，有不同的病名，如打印病、腐皮病、烂口病、烂身病、体表溃疡症、流行性溃疡综合征及穿孔病等（图 9-1）。

（1）病原。目前已发现的致病菌有嗜水气单胞菌、温和气单胞菌、凡隆气单胞菌、创伤弧菌及霍乱弧菌等。

（2）症状。发病初期，病鳅体色发黑，离群独游，食欲下降，漂浮于水面，有时不停地游动；头部、口、鳃盖、下颌、躯干部、腹部的皮肤、胸鳍及腹鳍发红，体表某些部位出现数目不等的斑块状出血病灶，如图 9-1 所示；剖检内脏无明显病变。发病中期，病灶部位皮肤逐渐溃烂，肌肉坏死，形成大小不等、深浅不一的溃疡，严重时露出红色肌肉；剖检可见脾脏颜色变浅，肝脏肿大有出血点。发病后期，病灶面积进一步扩大，溃烂的深度也加大，严重时露出骨骼和内脏；病鳅腹部膨胀，肛门红肿外凸，剖检可见腹腔有大量腹水，肠内无食物，肝脏、脾脏肿胀或有不同程度出血。此病的累积死亡率可高达 60% 以上。病鱼趴边，在下风头多见，受惊扰反应迟钝，多体侧，体后部有大小不规则斑块，偶见吻端溃烂，溃烂处常有水霉菌滋生。

图 9-1　泥鳅烂身病

（3）诊断。镜检，病灶处取样，肌纤维消失，偶见成束纤维丝。

（4）流行情况。鳅池水质差，投喂过量，鳅体受伤，泥鳅经常处于应激状态，寄生虫感染等是此病发生的诱因。流行于 4～10 月，水温 15℃ 时即可发生，20～30℃ 是发病高峰期。病鳅感染后，往往拖延较长时间不愈，严重影响生长发育和繁殖，感染率可高达 80%。在治而不愈的情况下引发病鳅逐渐死亡，累积死亡率较高。

（5）预防方法。①掌握适宜的养殖密度，不要过度密养。②避免应激反应和引起鳅体受伤，积极控制寄生虫感染。③定期用微生态制剂调节水质，同时投喂添加免疫制剂的保健饲料，提高鳅体抵抗力。

（6）治疗方法。外用消毒杀菌剂：①在水温较低和水体中有机

质浓度较低时，每立方米水体用复合碘溶液 0.1mL 全池泼洒。②在水温较高和水体有机质浓度较高时，每立方米水体用戊二醛溶液 40mg（以戊二醛计）全池均匀泼洒，隔天用苯扎溴铵溶液全池均匀泼洒，每立方米水体用 0.1~0.15g（以苯扎溴铵计）。内服药：每千克体重用 20mg 氟苯尼考加 1g 维生素 C 均匀拌饲投喂，每天 3 次，连用 5~7 天。内服多种维生素，每千克多维拌料 250kg，连喂 5~7 天，外用益生菌保持水环境良好，病情严重时，内服恩诺沙星加肝胆康，连喂 5~7 天。外用二氧化氯，每千克 2 亩·m，连用 2 天，第 3 天外泼免疫多糖 100g1.5 亩·m，连用 2 天。

3. 烂鳍病（红鳍病、腐鳍病、赤鳍病）

（1）病原。嗜水气单胞菌，适宜生长温度为 28~30℃，适宜生长 pH 为 5~9。

（2）症状。患病泥鳅初期表现为部分或全部鳍条充血发红，鳍条附近的皮肤腐烂，严重时鳍条脱落，肌肉红肿，腹部及肛门周围充血，病鳅常在进水口或池边悬垂，不摄食，衰弱至死。

（3）流行情况。此病发病率较高，对泥鳅的危害较大。主要流行于夏季。当泥鳅养殖水体水质恶化，暂养时间过长或鳅体受伤时容易发生。

（4）预防方法。①苗种下塘时进行严格的消毒，可用 30~50g/L 的食盐水溶液浸浴 3~5min。②起捕、运输等操作过程要仔细，避免鳅体受到机械损伤。③始终保持良好的水质（可使用微生态制剂），以减少病原菌的繁衍。

（5）治疗方法。外用消毒杀菌剂：①每立方米水体用 1g 漂白粉兑水全池泼洒。②每立方米水体用 0.3g 三氯异氰脲酸或二溴海因全池泼洒，每天 1 次，连续 2~3 次。③聚维酮碘溶液（含有效碘 1%），用 300~500 倍的水稀释后全池均匀泼洒，每立方米水体用 4.5~7.5mg（以有效碘计），隔天 1 次，连用 2~3 次。内服抗菌药物氟苯尼考，每千克体重用 10~15mg（以氟苯尼考计）均匀拌饲投喂，每天 1 次，连用 5~7 天。

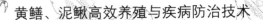

4. 烂尾病（白尾病）

（1）病原。柱状嗜纤维菌，适宜生长温度为 25～30℃，适宜生长 pH 为 5～11。

（2）症状。病鳅游动缓慢，食欲减退，严重时停止摄食，鳅体失去平衡，常游于岸边。发病初期鳅苗尾柄部位灰白，随后扩展至背鳍基部后面的全部体表，并由灰白色转为白色，皮肤失去黏液，肌肉充血发炎；鳅苗头朝下，尾朝上，垂直于水面挣扎，严重者尾鳍部分会全部烂掉，不久即死亡。在连续阴雨天或水温较底时，常继发水霉感染。

（3）流行情况。主要危害 6～10cm 的泥鳅苗种，成鳅不常见，同池混养的鲢、鳙等其他鱼类很少发病。主要流行于春季、夏季及秋季，尤以立秋前后发病较为普遍。在天气多变、水温 22～25℃、池塘淤泥过多、鳅体受伤等诱因存在时易暴发此病。发病率一般在 30%～50%，高的可达 70%，一旦发病传染很快，若治疗不及时，死亡率可高达 60% 以上。

（4）预防方法。①及时清除鳅池的淤泥，并用生石灰等彻底清塘。②避免鳅体受伤。③苗种放养前用 15～20mg/L 的高锰酸钾水溶液浸泡消毒 10～20min。④每立方米水体用三氯异氰脲酸 0.3g 兑水全池泼洒，每 15 天 1 次。

（5）治疗方法。外用聚维酮碘溶液（含有效碘 1%），用 300～500 倍的水稀释后全池均匀泼洒，每立方米水体用 4.5～7.5mg（以有效碘计），隔天 1 次，连用 2～3 次；内服磺胺-6-甲氧嘧啶，每千克体重用 0.05～0.06g 均匀拌饲投喂，每天 2 次，连用 5～7 天，首次用量加倍。施药 7～8 天后，每立方米水体用生石灰 20g 兑水全池泼洒，以调节水质。

5. 赤皮病

（1）病原。荧光假单胞菌，适宜生长温度为 25～35℃。

（2）症状。病鳅体表充血发炎，尤以鳅体两侧及腹部最为明显，鳍基部或整个鳍充血；严重时，尾鳍、胸鳍充血并腐烂，鳍端常有缺失，鳍条间软组织多有肿胀，甚至脱落呈梳齿状，常继发感染水霉病。病鳅不摄食，时常平游，浮于水面，动作呆滞、缓慢，反应迟钝，死亡率高达 80%。

（3）流行情况。此病的病原菌为条件致病菌，体表无损伤时，细菌无法侵入皮肤，因此主要由于鳅体擦伤和水质恶化而引起。主要发生在高温季节，水温越高，感染越严重，死亡率越高。

（4）预防方法。①在放养、捕捞、运输过程中避免鳅体损伤。②苗种下塘前用 5~8mg/L 的漂白粉溶液浸洗 10min。③养殖过程中保持水质良好。④在疾病流行季节，每立方米水体用 0.2~0.3g 溴氯海因兑水全池泼洒，每 15 天 1 次。

（5）治疗方法。同白尾病。

6. 出血病（细菌性败血症等）

（1）病原。嗜水气单胞菌。

（2）症状。病鳅体表有点状、块状或弥散性充血、出血。有的口、眼出血，眼球凸出，腹部膨大、红肿。有的鳃灰白显示贫血，严重时鳃丝末端腐烂。腹腔内积有黄色或红色腹水，肝、脾、肾肿大，肠道内充气，无食物，积有大量液体，肠壁充血。在高温季节急性感染发作时，有些病鳅外表症状尚未表现出来即已死亡。

（3）流行情况。此病发展迅速，死亡率高，细菌性败血症的典型症状，从早春至 10 月均有发生，以夏季发病率最高，危害严重。

（4）预防方法。①用生石灰等彻底清塘。②合理密养和混养。当养殖密度过高时，要分批轮捕疏养，保持池内合理的养殖密度。③苗种下塘时进行严格的消毒，可用 30~50g/L 的氯化钠水溶液药浴 3~5min。④适时换水、增氧，保持水质清新。⑤每隔 10~15 天每立方米水体用二溴海因或溴氯海因 0.2~0.3g 兑水全池泼衡。⑥每隔 10~15 天用恩诺沙星粉均匀拌饲投喂（以恩诺沙星计），每千克体重用 10~20mg，每天 1 次，连用 5~7 天。

（5）治疗方法。每立方米水体用二溴海因或溴氯海因 0.3g 兑水全池泼洒，隔天 1 次，连用 2~3 次；用恩诺沙星粉均匀拌饲投喂（以恩诺沙星计），每千克体重用 10~20mg，每天 2 次，连用 5~7 天为 1 个疗程，病情严重者可再用 1 个疗程。

7. 红脑门病

（1）病原。初步认为是迟钝爱德华氏菌，此菌的适宜生长温度为 25~32℃，适宜生长 pH 为 5.5~9。

（2）症状。病鳅食欲减退，体色发黑，反应迟钝，身体失去平衡，在水中上下旋转，或者头朝上尾朝下在水面来回急速转动。捞起病鳅观察，可见头顶部充血、出血，向上隆起，呈红脑门症状。严重时头顶部的皮肤破溃，头盖骨裂开、穿孔，可见白色黏稠状脑组织或有血红色黏液流出。但并不是发生红脑门病的泥鳅都会出现"裂头"症状，多数病鳅来不及发展到"裂头"阶段就已死亡。该病是一种慢性传染病，一般情况下死亡速度并不快，但病程比较长，短的几天，长的可达 20 天甚至 1 个月以上，累积死亡率较高。

（3）流行情况。①斑点叉尾鮰、黄颡鱼及罗非鱼等鱼类对迟钝爱德华菌具有易感性，因此在养殖这些鱼类的区域开展泥鳅养殖或者从这些区域引进泥鳅苗种，容易发生此病。②从苗种到成鳅均可感染，多发生在 6~9 月。③放养密度过大、池塘水温过高、水质恶化、寄生虫感染是主要的诱因。

（4）预防方法。由于红脑门病的感染是自泥鳅脑内到脑外，一旦发病，治疗难度较大，所以预防是关键。应严格执行检验检疫制度，降低泥鳅苗种的放养密度，加强水质管理、饲料投喂管理及日常管理，及时捞除病鳅、死鳅并深埋，还需注意定期检查和杀灭泥鳅皮肤和鳃部的寄生虫。

（5）治疗方法。①第 1 天，抽掉部分底层污水，每立方米水体用生石灰 25g 兑水全池泼洒以调节水质、提高池水 pH。②第 2 天和第 3 天，每天上午每立方米水体用硫酸铜、硫酸亚铁合剂（5∶2）0.7g 全池泼洒，下午每立方米水体用二溴海因或溴氯海因 0.3g 兑水全池泼洒，或用聚维酮碘溶液（含有效碘 1%）以 300~500 倍的水稀释后全池均匀泼洒，每立方米水体用 4.5~7.5mg（以有效碘计）。③内服抗菌药物。氟苯尼考粉，每千克体重用 10~15mg（以氟苯尼考计）均匀拌饲投喂，每天 1 次，连用 5~7 天。病情严重时再用1 个疗程。

8. 肠炎病

（1）病原。肠型点状气单胞菌在 pH 为 6~12 均能生长，生长适宜温度为 25℃。

（2）症状。病鳅离群独游，行动缓慢，停止摄食。食欲减退，个别见水中上下翻滚，下风头有条状粪便。肠道红肿，充血，有黄色或淡红色粉液，严重的肠黏膜脱落，肠壁变薄，弹性消失，鳅体发乌变青，头部显得特别，腹部膨胀并出现红斑，肛门红肿外凸，严重时轻压腹部有带血黄色黏液流出。剖开腹部有很多腹腔液，肠道内无食物，含有许多乳黄色黏液，肠壁充血发炎呈紫红色，病鳅最后沉入水底死亡。

（3）流行情况。此病主要是由于泥鳅吃了腐败变质食物或水质恶化引起消化道感染所致。严重时可引起病鳅大批死亡。一般从苗种到成鳅均可发病，水温在 18℃ 以上时开始流行，流行高峰期水温 25~30℃。此病常与烂鳃病、赤皮病并发。

（4）预防方法。①保持水质清新，坚持"四定"投饲原则，尤其注意勿投喂储存过久或原料已变质的饲料；环境条件突变时，应降低投饲量。②定期用微生态制剂、三黄散和维生素 C 拌饲料投喂。

（5）治疗方法。内服新霉素或恩诺沙星，连用 5 天，外泼益生菌调整水质环境，分解残饵和类便。

二、真菌性疾病

1. 水霉病

（1）病原。水霉菌在我国常见有水霉和绵霉两属。寄生于鳅卵和鳅体，一般由内外两种丝状的菌丝组成，菌丝为管状、没有横隔的多核体。内菌丝像树根样附着在鱼体损伤处，分枝多而纤细，可深入至损伤、坏死的皮肤及肌肉，具有吸收营养的功能。外菌丝分枝少而粗壮，伸出在鱼体外，可长达 3cm，形成肉眼可见的灰白色棉絮状物。

（2）症状（图 9-2）。鳅卵感染水霉后停止发育，菌丝会大量生长，染病卵粒呈白色绒球状，进而导致胚胎死亡。鱼苗感染时，背鳍、尾鳍均带有黄泥状的丝状物，如图9-2所示，鱼苗浮于水面，活力减弱，最后消瘦死亡。在鱼种、成鱼阶段，主要是在拉网、转池和运输过程中，因操作不当或机械损伤，使泥鳅体表受伤严重感染水霉菌而引起发病。病鳅行动迟缓，食欲减退或消失，肉眼可见发病处簇生白色或灰色棉絮状物，鳅体负担加重，其后伤口扩大化、腐烂而导致死亡。

图9-2　泥鳅水霉病

（3）流行情况。水霉对温度适应范围广泛（14~18℃），一年四季都能感染鳅体，发病的高峰期在每年的早春，秋末常出现，诱因是鱼体有伤，如机械伤、虫伤、冻伤等。

（4）预防方法。①保持良好的孵化用水水质，抑制水霉菌繁殖；避免鳅体受伤，减少发病概率。②在鳅巢使用前预先用50g/L的食盐水溶液或10mg/L的亚甲基蓝水溶液浸泡1h。③亲鳅产后用10mg/L的亚甲基蓝水溶液药浴20~30min。④可在捕捞前1天外泼免疫多糖，上网后在网里泼洒适量维生素C。

（5）治疗方法。鳅卵水霉病：①用5g/L的食盐水溶液药浴1h，连续2~3天。②用0.4g/L的氯化钠水溶液加0.4g/L的氯酸氢钠水溶液药浴20~30min。③用10g/L亚甲基蓝水溶液药浴20~30min。鳅体水霉病：①用300~500倍的水将聚维酮碘溶液稀释后全池均匀泼洒，每立方米水体用4.5~7.5mg（以有效碘计），每天1次，连用2次。②每立方米水体用0.3g五倍子末兑水全池泼洒，每天1次，连用2天。

2. 鳃霉病

（1）病原。血鳃霉常生长在泥鳅幼苗鳃缘，菌丝较粗直而少弯曲、分枝很少。通常呈单枝延长生长，不进入血管和软骨，仅在鳃

小片的组织中生长。

（2）症状。病鳅失去食欲，呼吸困难，游动缓慢；鳃瓣肿大、粘连，鳃外观呈苍白色或红白相间状；严重时鳃丝溃烂缺损，轻压腮部流出带污物的血色黏液；取溃烂处鳃丝在显微镜下观察可见大量真菌。此病常伴有胸鳍、臀鳍充血现象。病鳅肝脏肿大、色淡，有出血点，肾脏肿大呈褐色，肠道无食物，肠壁充血。此病后期常被细菌继发感染而引起综合征，严重时可造成病鳅的大批死亡。

（3）流行情况。一般在 5~10 月发生较多，夏季水体环境恶化时极易感染。

（4）预防方法。①清除池中过多的淤泥，改静止池水为微流水循环，并使水体保持较高的溶氧量。②用 300~500 倍的水将高碘酸钠溶液稀释后全池均匀泼洒，每立方米水体用 15~20mg（以高碘酸钠计），每 15 天 1 次。

（5）治疗方法。用 300~500 倍的水将聚维酮碘溶液稀释后全池均匀拨洒，每立方米水体用 4.5~7.5mg（以有效碘计），每天 1 次，连用 2 次。

三、寄生虫病

泥鳅寄生虫病是指寄生于泥鳅体表和体内的各种寄生虫引起的疾病；这些寄生虫通过掠夺鳅体营养、造成机械损伤、产生化学刺激和毒素作用等方式来伤害泥鳅，严重时也可造成泥鳅大量死亡。

1. 车轮虫病

（1）病原。车轮虫为车轮虫属和小车轮虫属的一些种类，寄生在泥鳅的体表及鳃部。虫体侧面观如毡帽状，反口面观呈圆碟状，运动时如车轮旋转样，镜检如图 9-3 所示。虫体隆起的一面称口面，与其相对的凹入面，称反口面。反口面最显著且较稳定的结构是齿环和辐线。齿环由许多齿体衔接而成，齿体由齿钩、锥部和齿棘组成。

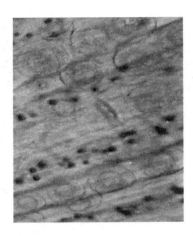

图 9-3　泥鳅车轮虫镜检（放大倍数 40 倍）

　　（2）症状（图 9-3）。病鱼体色发黑，离群独游，也可见聚团在水表层处受惊吓快速散开。摄食量减少，有时在水中呈现"打滚"状游动。体表常出现白斑，甚至大面积变白；侵袭鳃瓣时，常成群地聚集在鳃的边缘或鳃丝的缝隙里，破坏鳃组织，使鳃组织腐烂，鳃丝的软骨外露。刚孵育不久的鳅苗感染严重时，苗群沿池边绕游，狂躁不安，直至鳃部充血、皮肤溃烂而死。泥鳅严重感染车轮虫时，若不及时治疗会引起大量死亡。

　　（3）流行情况。此病是泥鳅苗种培育阶段常见疾病之一，流行于 5~8 月，水温 20~28℃ 为流行盛期。

　　（4）预防方法。①用生石灰彻底清塘消毒。②合理施肥、合理放养。③夏花鱼种下塘前用 20g/L 的食盐水溶液药浴 15min，视鱼种忍耐程度酌情增减时间；或用 8mg/L 的硫酸铜溶液药浴 20~30min。

　　（5）治疗方法。①每立方米水体用硫酸铜与硫酸亚铁合剂（5：2）0.7g 兑水全池泼洒。②每立方米水体用高碘酸钠溶液 0.3~0.4mL 全池泼洒，夏花鱼种用量减半。③每立方米水体用苦参末 1~1.5g，全池均匀泼洒，连用 5~7 天。

2．斜管虫病

（1）病原。鲤斜管虫的虫体有背腹之分，背部稍隆起，腹面观左边较直，右边稍弯，左面有 9 条纤毛线，右面有 7 条，每条纤毛线上长着一律的纤毛，腹面中部有一条喇叭状口管。大核近圆形，小核球形。身体左右两边各有一个伸缩泡，一前一后。

（2）症状。斜管虫少量寄生时对泥鳅危害不大，大量寄生时刺激鳅体体表和鳃分泌大量黏液，体表形成苍白色或淡蓝色的一层黏液层，鳃组织受到严重破坏。病鳅食欲减退，消瘦发黑，侧卧岸边或漂浮水面，不久即死亡。

（3）流行情况。此病是泥鳅苗种培育阶段常见疾病之一。由于鲤斜管虫繁殖的最适温度为 12~18℃，因此在晚秋和春季最为流行。

（4）预防方法。同车轮虫病。

（5）治疗方法。每立方米水体用 40%的甲醛溶液 15~25mL 全池泼洒，隔天 1 次，共用 2~3 次。

3．小瓜虫病

（1）病原。多子小瓜虫的成虫卵圆形或球形，肉眼可见。全身密布短而均匀的纤毛，大核呈马蹄形或香肠形，小核圆形，紧贴在大核上；胞质外层有很多细小的伸缩泡，内质有大量的食物粒。成虫成熟离开宿主后在水中游动一段时间，沉到水底或其他固体物上，分泌一层透明薄膜，形成胞囊，然后在胞囊内经过 10 余次分裂可形成数百个幼虫。刚从胞囊内钻出来的幼虫呈圆筒形，不久变成扁鞋底形，全身除密布短而均匀的纤毛外，在虫体后端还有一根粗长的尾毛，一个大的伸缩泡在虫体前半部，大核近圆形，在虫体的后方，小核球形，在虫体的前半部。

（2）症状。大量寄生时，病鳅皮肤、鳍、鳃等处布满小白点状胞囊。由于虫体的破坏和继发性细菌感染，使得病鳅体表黏液增多，表皮发炎，局部坏死，鳍条腐烂、开裂。镜检时多数只看见球形的成虫，病鳅消瘦，游动异常，最后呼吸困难而死。

（3）流行情况。小瓜虫病借助胞囊及幼虫传播，主要以幼虫侵入泥鳅的皮肤或鳃表皮组织，吸取组织的营养，引起组织增生，而后在鳅体上发展为成虫。小瓜虫对宿主无年龄选择性，从鳅苗到成鳅皆可受害，以夏花和大规格鱼种阶段危害较为严重，尤其是 5cm 以下的苗种。适宜小瓜虫繁殖的水温为 15～25℃，因此主要流行于春末夏初和秋末。当水质恶劣或养殖密度偏高时，在冬季及盛夏也可发病。

（4）预防方法。①用生石灰彻底清塘消毒。②放养苗种前，若发现小瓜虫，每立方米水体加入体积分数为 40% 的甲醛溶液 250mL，药浴 15～20min。③加强饲养管理，保持良好的水体环境，增强鱼体抵抗力。

（5）治疗方法。每立方米水体用 40% 的甲醛溶液 15～25mL 全池泼洒，隔天 1 次，共用 2～3 次；或每立方米水体用辣椒粉 40g 和干姜 15g 混合煮沸 0.5h，冷却后晴天中午全池泼洒，每天 1 次，连续 3 次。与此同时，每千克体重用青蒿末 0.3～0.4g 均匀拌饲投喂，每天 1 次，连用 5～7 天。

4. 杯体虫病（舌杯虫病）

（1）病原。杯体虫的虫体体长 50μm 左右，伸展时呈高脚酒杯状，在前端有一个圆盘状的口围盘，边缘生有纤毛，纤毛摆动，带动水流夹带食物进入胞口，借以捕食。虫体中部有一卵形大核，小核细棒状，位于大核侧面靠中间的部位。体柄非常显著，具有一定的伸缩性。

（2）症状。杯体虫寄居在泥鳅的皮肤或鳃上，平时取食周围水中的食物，对寄主组织无破坏作用，感染程度不高时危害不大。但与车轮虫并发时，能引起泥鳅死亡。鳅苗大量寄生杯体虫时，体色发黑，离群独游，不摄食，头部向体表一侧弯曲，很难受的样子，俗称"歪脖"，常漂浮于水面，状似缺氧浮头。鳅苗身体消瘦，游动无力，严重时死亡。

（3）流行情况。此病对体长 1.5～2cm 的鳅苗危害较大，一年四季均可发生，以 5～8 月较为普遍。

（4）预防方法。同车轮虫病。

（5）治疗方法。同斜管虫病。

5. 指环虫病

（1）病原。指环虫的虫体扁平，动作像尺蠖，头部前端背面有 4 个黑色的眼点。虫体后端为固着盘，由 1 对大锚钩和 7 对边缘小钩组成，借此固着在泥鳅的鳃上。

（2）症状。指环虫以锚钩和小钩钩住泥鳅的鳃丝，并在鳃片上不断活动，破坏鳃丝的表皮细胞，刺激鳃细胞分泌过多的黏液，妨碍鱼的呼吸，从而影响其正常代谢。轻度感染时症状不明显，对泥鳅危害不大。大量寄生时，病鳅鳃盖张开，鳃部显著浮肿，全部或部分呈苍白色。病鳅不吃食，身体消瘦，游动缓慢，或头部竖起，伸出水面，在水中旋转，俗称"开飞机"。若治疗不及时可造成泥鳅大批死亡。

（3）流行情况。养殖中后期发生，主要流行于春末夏初。

（4）预防方法。①用生石灰彻底清塘消毒。②放养苗种前，用 20mg/L 高锰酸钾水溶液药浴 15～30min。

（5）治疗方法。①甲苯咪唑溶液加 2000 倍水稀释后全池均匀泼洒，每立方米水体用 1～1.5g（以甲苯咪唑计）。②精制敌百虫粉兑水全池均匀泼洒，每立方米水体用 0.18～0.45g（以敌百虫计），鳅苗用量酌减。③每立方米水体用苦参末 1～1.5g，全池均匀泼洒，每天 1 次，连用 5～7 天。

6. 三代虫病

（1）病原。三代虫的虫体略呈纺锤形，背腹扁平，身体前端有一对头器，后端腹面为圆盘状固着器，其中有 1 对锚形中央大钩和 1 对伞形排列的边缘小钩。三代虫为胎生，虫体中部有一椭圆形的胎儿，胎儿体内又孕育有下代胎儿，故称为三代虫。

（2）症状。三代虫寄生在泥鳅的体表和鳃。当少量寄生时，泥鳅摄食及活动正常，仅鳃丝黏液增加。当大量寄生时，泥鳅体表无光泽，皮肤上有一层灰白色的黏液，鳃丝充血，黏液分泌增加，严重时鳃水肿、粘连。病鳅游态蹒跚，无争食现象或根本不靠近食台，逆水蹿游或在池壁摩擦，鳅体瘦弱，直至死亡。

（3）流行情况。此病对鳅苗的危害较大，一旦感染能造成极高的死亡率。三代虫的繁殖适温为 20℃ 左右，主要流行于 5~6 月。

（4）预防方法。同指环虫病。

（5）治疗方法。同指环虫病。

7. 扁弯口吸虫病

（1）病原。该病由扁弯口吸虫的囊蚴引起。虫体大小为 （4~6）mm×2mm；顶端有 1 个口吸盘，下为肌质的咽，没有食道，肠的二盲支直至虫体后端，在伸延之中向侧面分出侧支；腹吸盘位于虫体 1/4 处，大于口吸盘；有睾丸 1 对，纵列、分叶，两睾丸之间有 1 卵巢。

（2）生活史。成虫寄生于鹭科鸟类的咽喉，当鹭在啄食鱼时，卵便可排至水中，在水温 28℃ 时，8 天孵出毛蚴。第一中间宿主为斯氏萝卜螺和土蜗；毛蚴钻入萝卜螺后，在外套膜上发育为胞蚴，胞蚴发育为 1 个雷蚴，迁移到螺的肝脏，经两代繁殖为数百个子雷蚴，然后产生尾蚴；尾蚴有强烈的趋光性，遇到泥鳅后，钻进其皮肤至肌肉，经 3 个月发育为囊蚴；鹭吞食病鳅，囊蚴从囊中逸出，从食道迁回至咽喉，4 天后发育为成虫并排卵。

（3）症状。发病早期没有明显症状；病情严重时，在病鳅的头部、体表、鳍、鳃及肌肉等处形成圆形小包囊，呈橙黄色或白色，直径约 2.5mm。在 1 尾泥鳅上的囊蚴可从数个到 100 个以上。病鳅离群独游，在浅水边或其他物体上摩擦。成鳅单纯感染时一般不会死亡，但苗种被虫体大量寄生时，可致死。

（4）流行情况。此病流行于 4~8 月。养殖水体恶化，大量使用未经发酵的粪肥是此病发生的诱因。

（5）预防方法。①彻底清塘，杀灭池中的第一中间宿主、虫卵及尾蚴。②加强饲养管理，保持优良水质，增强鳅体抵抗力。在加注清水时，一定要过滤，严防第一中间宿主螺类随水带入。③在该病流行地区，养鱼池中如发现第一中间宿主斯氏萝卜螺，应及时用草捆诱捕杀灭。

（6）治疗方法。①内服药。每千克体重用 80mg 左旋咪唑均匀拌饲投喂，每天 1 次，连用 3 天；同时用恩诺沙星粉均匀拌饲投喂，每千克体重用 10~20mg（以恩诺沙星计），每天 1 次，连用 7 天。②外用药。每立方米水体用二氧化氯 0.3g 兑水全池泼洒，隔天 1 次，连用 3 次。

8. 毛细线虫病

（1）病原。毛细线虫的虫体细小如纤维，前端尖细，后端稍粗大。雌虫体长 4.99~10.13mm，雄虫体长 1.93~4.15mm。

（2）症状。毛细线虫以其头部钻入泥鳅肠壁黏膜层，破坏组织，引起肠壁发炎。全长 1.6~2.6cm 的鱼种，有 5~8 只成虫寄生时，生长即受一定影响；有 30 只以上的虫体寄生时，即可造成泥鳅消瘦，并伴有腹水。病鳅体色发黑，不摄食，游动缓慢，因极度消瘦而死亡。

（3）流行情况。毛细线虫寄生于泥鳅肠道中，泥鳅通过吞食含有毛细线虫幼虫的卵而感染。养殖周期内都可发现，主要危害当年鱼种。

（4）预防方法。①鳅池用生石灰彻底清塘。②加强饲养管理，保证泥鳅有充足的饲料。③及时分池稀养，加快鳅种生长。

（5）治疗方法。①精制敌百虫粉兑水全池均匀泼洒，每立方米水体用 0.18~0.45g（以敌百虫计），鳅苗用量酌减。②每千克体重用 80mg 左旋咪唑均匀拌饲投喂，每天 1 次，连用 3~5 天。③用阿苯达唑粉均匀拌饲投喂，每千克体重用 0.2g（以阿苯达唑计），每天 1 次，连用 5~7 天。

四、泥鳅的敌害

1. 生物敌害

泥鳅的生物敌害较多，包括鸟类尤其是白鹭、苍鹭、翠鸟、鸭等，蛙类及其蝌蚪，水生昆虫尤其是蜻蜓幼虫、水蜈蚣、红娘华等，水鼠，鱼类尤其是乌鳢、鲇、鳜、鲈、黄鳝等，克氏原螯虾，鳖等。有时隔年未捕捞干净的存塘泥鳅也会捕食放养的泥鳅苗种。

防治方法：在放养泥鳅苗种前用生石灰彻底清塘。饲养管理期间要及时清除生物敌害，特别是对泥鳅苗种池的管理要加强。①除尽池边杂草并设防护网，严防蛙类侵入，发现蛙类应及时捕捉，并及时把蛙卵和蝌蚪打捞干净。②对于乌鳢、黄鳝等，要在进、排水口处加尼龙网或铁丝网，防止它们进入鳅池。③对于水蜈蚣、红娘华和蜻蜓幼虫等水生昆虫，可进行灯光诱杀，或用精制敌百虫粉兑水全池均匀泼洒，每立方米水体用 0.5g（以敌百虫计）；也可在水蜈蚣聚集的水草、粪渣堆处，加倍用药进行杀灭。④对于水蛇，可用硫黄粉来驱赶，池塘用药按每亩硫黄粉 1.5kg，撒在池堤四周；稻田用量是按每亩 2kg，撒在田埂四周 0.75kg，鱼沟、鱼溜 0.5kg，田中 0.75kg。⑤对于水鸟和蜻蜓，可用密网罩住鳅苗池，成鳅养殖池则可在距离水面 1m 高处设置网目较粗的网，防止鸟类侵入和蜻蜓产卵。

2. 非生物敌害

泥鳅的非生物敌害主要是指农药引起的中毒。农田中使用的各种化学农药，其残毒会不同程度地污染泥鳅养殖的水源，从而使泥鳅中毒。尤其在稻田养鳅时，为防治水稻病虫害常使用各种农药，有时会因为农药使用不当造成水中药量超标，进而引发泥鳅中毒死亡。

（1）症状。不同农药对泥鳅的毒害作用不同，其表现亦不一样，较为明显的有体表充血、发红，尾尖颤动不定，游动失常或翻滚，狂蹿或侧仰，最后进入麻痹昏迷状态，侧躺在浅水处，甚至死亡。

（2）防治方法。①为了确保泥鳅安全，防治水稻病虫害应选择低毒、高效、低残留农药，禁用剧毒农药，同时严格控制农药使用量和施药方法。②当泥鳅出现中毒危险时要及时注入新水或将泥鳅转移至水质较好的水体中饲养。

五、其他病害

1. 气泡病

（1）病因。水中的氧或其他气体过饱和。常见的有：①水体中浮游植物多，中午阳光强烈，水温高，藻类光合作用旺盛，引起水

中溶氧量过饱和而发病。②池中施放过多未经发酵的肥料，肥料在池底不断分解，放出很多细小的甲烷、硫化氢等气泡，泥鳅苗误将小气泡当浮游生物吞食，引起气泡病。因这些气体有毒，同时会大量消耗泥鳅体内的氧，所以危害比溶氧量过饱和大。③有些地下水含氮气过饱和，没有经过曝气等处理而直接进入池中，可引起气泡病，危害也比溶氧量过饱和大。

（2）症状。病鳅的体表、鳃、鳍条上附有许多小气泡，剖检可看到肠道内也有白色小气泡。病鳅腹部鼓起，逐渐失去自由游动能力而浮于水面，混乱无力游动，若不及时急救，不久在体内或体表出现气泡，随着气泡增大及体力消耗，会大批死亡。

（3）流行情况。此病多发生在春末和夏初，秋末冬初偶有发病，泥鳅苗种都能发生此病，特别是对鳅苗的危害性较大，能引起鳅苗大批死亡。重病泥鳅塘发病率高达到80%，治疗不及时死亡率可达20%以上。多发于淤泥较厚的精养高产塘。

（4）预防方法。①加强日常管理，合理投饵、施肥，注意水质更新，防止水质恶化。②引用地下水时要先充分曝气。③用泥浆水进行全池泼洒，以池水变浑浊为度，以降低水中浮游植物光合作用的强度。

（5）治疗方法。①每立方米水体用食盐5~7g兑水全池泼洒，每天1次，连用2~3次，同时长时间加注新水。该方法对发病较轻者有一定的效果。②对发病较重的池塘，可将池水排出1/2，然后按每立方米水体用硫酸铜0.8g兑水全池泼洒，以控制浮游植物量，12h后加注新水至原水位。一般2天后病情可得到缓解，对部分效果不明显的池塘，继续换水1~2次，病情即可得到有效的控制。③病情得到控制后，可用微生态制剂调节水质，以控制浮游植物繁殖，防止过量。

2. 感冒

（1）病因。泥鳅是变温动物，水温急剧改变时会刺激泥鳅皮肤的末梢神经，从而引起鳅体内部器官活动失调，发生感冒。如换水时使用未经曝晒的井水或泉水，可使泥鳅发生感冒。

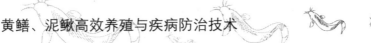
（2）症状。泥鳅感冒后，行为发生改变，皮肤失去原有的光泽，体表和鳃分泌出大量的黏液。严重时会引起死亡。

（3）预防方法。①使用泉水或井水时，须经过太阳曝晒后再注入池内，切勿温差过大。②当将泥鳅从一个水体移到另一个水体时，水温相差不应超过3℃。

（4）治疗方法。尚无有效的治疗方法。

3. 发烧

（1）病因。泥鳅在高密度长时间运输或高密度饲养的情况下，体表分泌黏液的速度加快，聚积在水中发酵，大量耗氧，放出热量，使水温骤升（可高达50℃），同时引起泥鳅体温升高，进而导致泥鳅发病。

（2）症状。泥鳅焦躁不安，狂蹿不停或互相缠绕。常造成大量死亡。

（3）流行情况。此病在运输或饲养过程中均有可能发生。

（4）预防方法。降低泥鳅的运输密度或放养密度。

（5）治疗方法。①在运输前，先经蓄养，使泥鳅体表泥沙及肠内粪便排净，气温在23～30℃的情况下，每隔6～8h，彻底换水1次，或每隔24h，在水中施放一定量的青霉素，用量为每25L水放入25万～30万IU。但注意运输时间不宜过长。②根据水源水质、养殖条件和水平、苗种来源，确定合理的放养密度和放养规格。③注意观察，发现生病立即更换或补充新鲜凉水。④在发病池（箱）中，可用0.5mg/L的硫酸铜兑水泼洒。

4. 肝胆综合征

（1）病因。①养殖密度过大，水体环境恶化。②药物刺激，饲料酸败变质、营养成分失衡以及饲料中含有有毒物质。

（2）症状。发病初期，肝略肿大，轻微贫血，色略淡；胆囊色较暗，略显绿色。随着病情发展，肝明显肿大，比正常状态的大1倍以上。肝色逐渐变黄变白，或呈斑块状，黄色、红色、白色相间，形成明显的"花肝"症状。有的使肝局部或大部分变成"绿肝"，有的肝轻触易碎。胆囊明显肿大1~2倍，胆汁颜色变深绿或变黄、变白直到无色，重者胆囊充血发红，并使胆汁也呈红色。由于主要脏器出现严重病变，鳅体的

抗病能力下降，给其他病原菌的侵入以可乘之机，因此重症者常同时伴有出血、烂鳃、肠炎、烂头和烂尾等症状。

（3）流行情况。此病流行于 3～10 月。经过越冬期的泥鳅，无轮体格大小，来年春天都可发生此病。将要进入越冬期的泥鳅，发病率也较高。一旦发病，死亡率较高。

（4）预防方法。在饲料中添加多种维生素，定期投喂氨基酸、免疫多糖及保肝护胆的药物。

（5）治疗方法。①每千克体重用肝胆利康散 0.1g 均匀拌料投喂，每天 1 次，连用 10 天。②每千克体重用板黄散 0.2g 均匀拌饲投喂，每天 3 次，连用 5～7 天。

5. 弯体病（曲骨病）

（1）病因。鳅苗孵化时由于水温剧变或水中重金属元素含量过高，或缺乏必要的维生素等营养物质，也有时因寄生虫侵袭等，导致在胚胎发育过程中出现骨骼畸形。

（2）症状。病鳅身体弯曲，不能恢复。

（3）预防方法。①孵化时保持适温，防止水温急剧变化。②经常换水以改良底质。③注意动物性、植物性饲料的搭配和无机盐、维生素的用量。

6. 白身红环病

（1）病因。泥鳅捕捉后长时间流水蓄养所致。

（2）症状。病鳅体表及各鳍条呈灰白色，体表上出现红色环纹，严重时患处发生溃疡，病鱼食欲不振，游动缓慢。

（3）预防方法。鳅种放养时用 10mg/L 的高锰酸钾溶液药浴 15～20 分钟。

（4）治疗方法。一旦发现此病应立即将病鳅放入池塘中养殖。

7. 蓝藻

（1）形成原因。清塘不彻底，养殖过程中长期投饲而不加注新水，或加注新水而不排出老水，或由于水源的原因没法加注新水，使得水体富营养化而引起蓝藻大量繁殖。

（2）危害。①产生有毒物质，危害泥鳅的健康。②难于被泥鳅消化。③抑制其他饵料生物生长。④恶化水质或造成泥鳅中毒死亡。⑤降低泥鳅的品质。

（3）防治方法。①定期泼洒微生态制剂。②在鳅池下风处，用竹竿将蓝藻聚合在一起，用密集的网目袋打捞至岸上。③调节池水pH 至 7.0~7.5，可用乳酸菌加红糖发酵 2h 后全池泼洒，也可以用食醋兑水泼洒。④严重时，可用药物杀灭蓝藻，并注意采取措施解毒、增氧、改良水质和底质及水体藻相。

参考文献

[1] 余继升. 黄鳝优良品种简介 [J]. 新农村, 2001 (8): 18.

[2] 张竹青, 周路, 张龙涛, 等. 黄鳝生活习性及池塘养殖技术 [J]. 农技服务, 2011, 28 (10): 1471-1472.

[3] 余登航. 黄鳝泥鳅营养需求与饲料配制技术 [M]. 北京: 化学工业出版社, 2018.

[4] 杨代勤, 陈芳, 李道霞, 等. 黄鳝食性的初步研究 [J]. 水生生物学报, 1997 (1): 24-30.

[5] 石方志. 黄鳝的繁殖习性 [J]. 农家科技, 2006 (9): 29.

[6] 郑付琴. 黄鳝池塘养殖技术 [J]. 农技服务, 2011, 28 (10): 1474, 1476.

[7] 储张杰, 钟爱华, 方芳, 等. 放养密度对网箱养殖黄鳝生长的影响 [J]. 浙江海洋学院学报 (自然科学版), 2011, 30 (2): 126-131.

[8] 沙先成, 沙正月, 李进村. 黄鳝网箱养殖技术 [J]. 现代农业科技, 2022, 824 (18): 147-149, 154.

[9] 左健忠, 邹勇, 沈文武. 黄鳝稻田养殖技术 [J]. 水产养殖, 2009, 30 (9): 18-19.

[10] 刘清月. 黄鳝稻田养殖技术 [J]. 致富天地, 2014, 186 (6): 55.

[11] 罗宇良, 曹克驹. 黄鳝高效养殖关键技术 [M]. 北京: 金盾出版社, 2011.

[12] 刘建康, 顾国彦. 鳝鱼性别逆转时生殖腺组织改变 [J]. 科学, 1950 (3): 91.

[13] 刘修业, 崔同昌, 王良臣, 等. 黄鳝性逆转时生殖腺的组织学与超微结构的变化 [J]. 水生生物学报, 1990 (2): 166-169, 195-196.

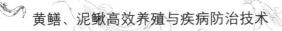
[14] 肖亚梅, 刘筠. 黄鳝由间性发育转变为雄性发育的细胞生物学研究 [J]. 水产学报, 1995 (4): 297-304.

[15] 赵云芳, 柯薰陶. 黄鳝繁殖生物学的观察 [J]. 四川动物, 1992 (4): 7-8.

[16] 尹绍武, 周工健, 刘筠. 黄鳝的繁殖生态学研究 [J]. 生态学报, 2005 (3): 435-439, 659.

[17] 周燕侠. 黄鳝的人工繁殖技术研究 [D]. 南京: 南京农业大学, 2005.

[18] 徐宏发, 朱大军. 黄鳝的生殖习性和人工繁殖 [J]. 水产科技情报, 1987 (6): 14-15.

[19] 何湘蓉, 王晓清, 周先文. 黄鳝的半人工繁殖及苗种培育技术 [J]. 内陆水产, 2009.

[20] 唐鹤菁, 韦朝民, 李明邦, 裴琨. 黄鳝苗种培育技术要点 [J]. 渔业致富指南, 2022 (5): 52-55.

[21] 倪晓燕. 黄鳝苗的培育方法 [J]. 渔业致富指南, 2001 (8): 47-47.

[22] 邴旭文. 泥鳅黄鳝无公害安全生产技术 [M] 北京: 化学工业出版社, 2018.

[23] 肖艳. 黄鳝养殖常见疾病诊断及防治措施 [J]. 农村新技术, 2022, 504 (8): 39-40.

[24] 刘万珍. 黄鳝三种常见病的防治方法 [J]. 农村百事通, 2016, 606 (10): 38.

[25] 杨正锋, 姚永平. 黄鳝工厂化网箱养殖新技术 [J]. 科学种养, 2019, 159 (3): 53-55.

[26] 王东武. 黄鳝生态养殖 [M]. 长沙: 湖南科学技术出版社, 2013.

[27] 杨帆, 张世萍, 韩凯佳, 等. 投喂频率对黄鳝幼鱼摄食、生长及饵料利用效率的影响 [J]. 淡水渔业, 2011, 41 (3): 50-54, 82.

[28] 储张杰, 钟爱华, 方芳, 等. 放养密度对网箱养殖黄鳝生长的

影响 [J]. 浙江海洋学院学报（自然科学版），2011，30（2）：126-131.

[29] 王卫民. 名特水产动物养殖学 [M]. 北京：中国农业出版社.

[30] 杨代勤，陈芳，李道霞，等. 黄鳝的营养素需要量及饲料最适能量蛋白比 [J]. 水产学报，2000（3）：259-262.

[31] 胡毅，马晓，王晓清. 饲料中不同蛋白及脂肪水平对黄鳝生长、消化酶活性及体成分的影响 [C]//中国水产学会动物营养与饲料专业委员会. 第九届世界华人鱼虾营养学术研讨会论文摘要集. 第九届世界华人鱼虾营养学术研讨会论文摘要集，2013：86.

[32] 程玉冰，曹永红，夏伦志，等. 饲粮不同蛋白质原料和水平对黄鳝生长性能与肉质的影响 [J]. 饲料工业，2009，30（6）：21-24.

[33] 马洪宗. 玉米蛋白粉替代鱼粉对黄鳝生长性能、血清指标的影响 [J]. 饲料研究，2022，45（10）：48-51.

[34] 姜文灏，杨鑫，周秋白，等. 黄鳝饲料蛋白质需求量的研究 [J]. 水生生物学报，2022，46（8）：1205-1214.

[35] 刘峰，袁学宾，胡毅，等. 玉米肽对黄鳝生长及肠道消化酶活性的影响 [J]. 饲料研究，2021，44（4）：47-50.

[36] 舒妙安，马有智，张建成. 黄鳝肌肉营养成分的分析 [J]. 水产学报，2000（4）：339-344.

[37] 袁汉文，杨代勤. 卵磷脂对黄鳝生长及肝脏与肌肉脂肪含量的影响 [J]. 水利渔业，2007（4）：102-103.

[38] 王松，储张杰，龚世园，等. 饲料中脂肪含量对黄鳝生长的影响 [J]. 水利渔业，2008（3）：67-68.

[39] 周秋白，朱长生，李峰，等. 长链多不饱和脂肪酸对黄鳝生长与繁殖性能的影响 [C]//中国水产学会动物营养与饲料专业委员会. 第九届世界华人鱼虾营养学术研讨会论文摘要集. 第九届世界华人鱼虾营养学术研讨会论文摘要集，2013：445.

[40] 周秋白，朱长生，吴华东，等. 饲料中不同脂肪源对黄鳝生长

和组织中脂肪酸含量的影响 [J]. 水生生物学报，2011，35（2）：246-255.

[41] 杨鸢劼，邴旭文，徐增洪. 不饱和脂肪酸对黄鳝脂质过氧化的影响 [J]. 动物营养学报，2009，21（6）：1018-1022.

[42] 熊文明. 不同糖源饲料对黄鳝生长的影响 [J]. 江西水产科技，2022（5）：16-17，20.

[43] 曹志华，文华，温小波，等. 维生素C对黄鳝非特异性免疫机能的影响 [J]. 长江大学学报（自然科学版）农学卷，2008，5（4）：41-44，128-129.

[44] 张国辉，何瑞国，张世萍，等. 维生素E对黄鳝繁殖性能的影响 [J]. 华中农业大学学报，2006（2）：177-181.

[45] 杨代勤，陈芳，阮国良. 饲料中添加胆碱对黄鳝生长、组织脂肪含量及消化酶活性的影响 [J]. 水产学报，2006（5）：676-682.

[46] 陈芳，杨代勤，阮国良，等. 黄鳝对饲料中胆碱的需要量 [J]. 大连水产学院学报，2004（4）：268-270.

[47] 黎德兵，李超，张龚炜，等. 饲料中维生素 D_3 添加水平对黄鳝外周免疫相关组织细胞增殖和凋亡的影响 [J]. 动物营养学报，2013，25（4）：752-760.

[48] 曹志华，罗静波，余文斌. 维生素C对黄鳝生长和非特异性免疫机能的影响 [J]. 长江大学学报（自然科学版）农学卷，2009，6（3）：27-29，110-111.

[49] 黎德兵，邵珊珊，张龚炜，等. 饲料中维生素 D_3 添加水平对黄鳝生长性能及免疫功能的影响 [J]. 动物营养学报，2015，27（4）：1145-1151.

[50] 胡重华，张文平，霍欢欢，等. 维生素A对黄鳝生长、转氨酶活性和肝脏显微结构的影响 [J]. 江西农业大学学报，2022，44（4）：988-995.

[51] 何志刚，胡毅，于海罗，等. 饲料中不同磷水平对黄鳝生长、体成分及部分生理生化指标的影响 [J]. 水产学报，2014，38

（10）：1770-1777.

[52] 张文平，周磊涛，周秋白，等．饲料有效磷水平对黄鳝幼鳝生长性能、形体指标、体成分及血清生化指标的影响［J］．江西农业大学学报，2022，44（5）：1239-1249.

[53] 徐海华，李兆文，汪成竹，等．免疫多糖对受免黄鳝免疫保护力的增强作用［J］．华中农业大学学报，2007（1）：80-84.

[54] 曹志华，温小波，严书林．壳聚糖对黄鳝非特异性免疫机能的影响［J］．长江大学学报（自然科学版），2011，8（4）：233-235，211.

[55] 田芊芊，于海罗，吕富，等．饲料中添加植酸酶对黄鳝生长及体组成的影响［J］．湖南饲料，2015（4）：34-37.

[56] 郭印，苌建菊，魏华，等．饲料中添加纳豆芽孢杆菌对黄鳝生长的影响［J］．安徽农学通报，2019，25（14）：69-70，91.

[57] 陈芳，杨代勤，阮国良，等．饲料中添加 EM 对黄鳝生长及肌肉营养成分的影响［J］．养殖与饲料，2007（12）：61-63.

[58] 谭凤霞，柴毅，彭梦，等．饲料中添加抗菌肽对黄鳝肠道菌群的影响［J］．淡水渔业，2020，50（4）：76-82.

[59] 黄光中，胡辉，肖克宇，等．葡萄籽与青蒿提取物对黄鳝肠道消化酶活性及血液生化指标的影响［J］．南方水产科学，2013，9（2）：70-75.

[60] 车常宝，石勇，胡毅，等．两种复合免疫增强剂对黄鳝生长、免疫及生理生化指标的影响［J］．饲料工业，2020，41（6）：43-48.

[61] 阮国良，杨代勤，王金龙．几种中草药饲料添加剂对黄鳝免疫功能和生长性能的影响［J］．饲料工业，2005（24）：34-36.

[62] 周文宗，宋祥甫，王金庆．互花米草生物矿质液对黄鳝生长和营养成分的影响［J］．江苏农业科学，2015，43（5）：233-235.

[63] 凌去非．泥鳅高效养殖致富技术与实例［M］．北京：中国农业出版社，2016.

[64] 高峰，王冬武，邓时铭．泥鳅生态养殖［M］．长沙：湖南科

学出版社，2020．

[65] 熊家军，杨菲菲．泥鳅养殖关键技术精解［M］．北京：化学工业出版社，2018．

[66] 王吉桥，赵兴文．淡水养殖应用技术［M］．沈阳：东北大学出版社，2009．

[67] 王吉桥，赵兴文．鱼类增养殖学［M］．大连：大连理工大学出版社，2000．

[68] 辽宁省市场监督管理局．大鳞副泥鳅人工繁育技术规程：DB21/T 3565—2022［S］．辽宁省地方标准．

[69] 骆小年．中国主要经济鱼类鱼苗适时下塘研究进展［J］．大连海洋大学学报，2021，36（1）：1-9．

[70] 骆小年．鱼类人工繁育［M］．北京：科学出版社，2023．

[71] 王雷，李敬伟，李文宽，等．稻田生态养殖台湾泥鳅试验［J］．养殖与饲料，2016（8）：27-28．

[72] 李猛．二倍体泥鳅与大鳞副泥鳅自交、回交试验及其杂交 F1 代配子细胞学研究［D］．武汉：华中农业大学，2022．

[73] 张玉明，田秀娥，王永军．安康地区泥鳅胚胎发育研究［J］．安徽农业科学，2010，38（23）：12434-12436．

[74] 解玉浩．东北地区淡水鱼类［M］．沈阳：辽宁科学出版社，2007．

[75] 乔晔．长江鱼类早期形态发育与种类鉴别［D］．武汉：中国科学院研究生院（水生生物研究所），2006．

[76] 赵兴文．鱼类增养殖学实习实践指导［M］．北京：中国农业出版社，2018．